꿈꾸는 여행자의 그곳, 남미

#칼라파테 빙하트레킹

#팔렌케의 햇살 좋은 날

#과나후아토의 옛 거리

#벨리즈, 그 바다의 노을

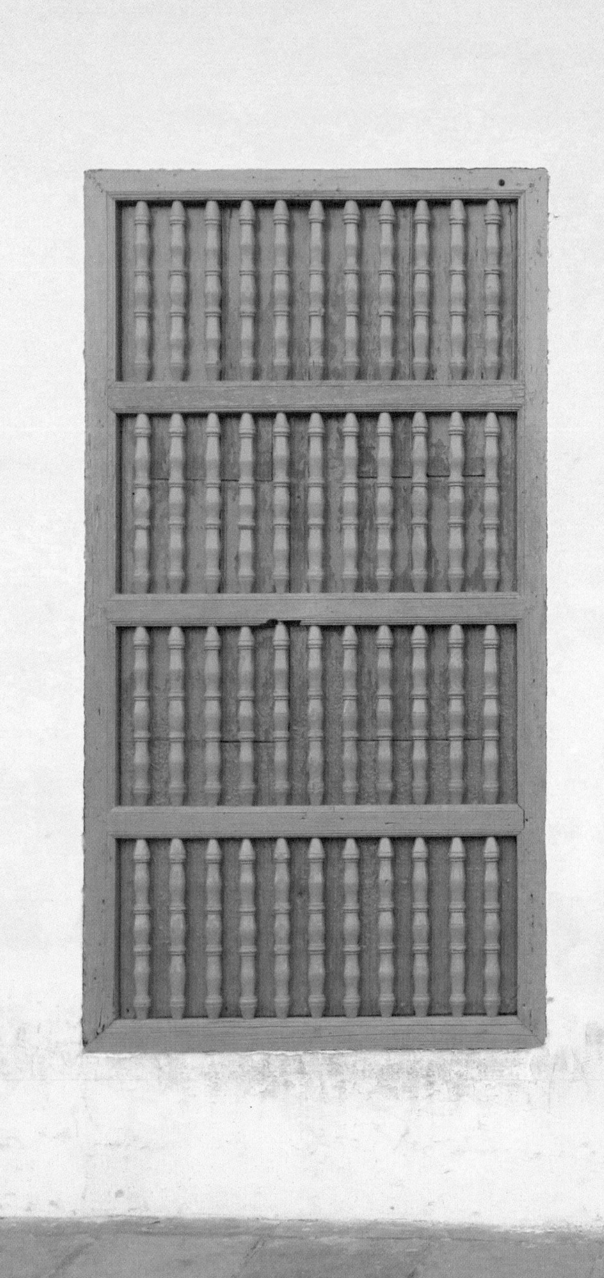

#트리니다드의 한가한 오후

꿈꾸는 여행자의 그곳,

L a t i n A m e r i c a

남미

오재철 · 정민아 지음

미호

PROLOGUE

여행의 시작

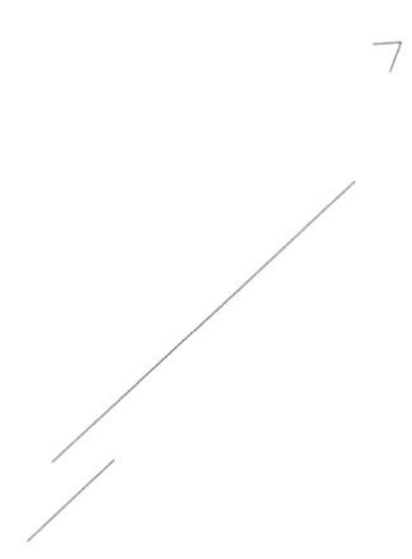

우리가 정말 떠날 수 있을까?

시작부터 변명을 늘어놓을 생각은 아니지만, 정말이지 떠나기로 결정하고 출발하기까지의 3개월간은 눈코 뜰 새 없이 바빴다. 단순히 가져갈 짐 싸기나 여행 계획이 문제가 아니라 서른 그 이상을 살아온 삶에 대한 정리가 우선이었다. 짧다면 짧고 길다면 긴 일 년여의 장기 여행을 계획하고서 난 다니던 직장을 그만뒀고, 프리랜서로 일하는 T군은 하던 일을 모두 정리해야 했다. 살던 집의 가구 및 짐들을 전부 처분하고 10년간 타던 자동차를 팔았으며, 의료 보험, 연금 보험 등 크고 작은 서류 정리로 하루 24시간이 모자랐다. 그렇게 주변 정리를 하느라 정작 여행지에 대한 사전 조사와 싸야 할 짐들에 대해서는 미처 꼼꼼한 준비를 하지 못했더랬다.

결국 배낭 짐 싸기는 여행 하루 전 친정으로 들어가서, 그것도 오후 6시가 지났을 무렵에야 시작할 수 있었다. 우선 가장 중요한 여권부터. 어랏? 아무리 찾아도 여권이 없다? 그제야 머릿속에 사르륵 지나가는 영상. 주문했던 배낭이 엊그제 집으로 도착했고, 도착한 배낭에 짐 싸기 시뮬레이션을 해보느라 여권, 국제운전면허증, 황열병 예방접종 확인서, 여분의 증명사진까지 각종 서류들을 고이 접어 배낭 앞주머니에 소중히 넣어뒀었는데, 배낭이 마음에 들지 않아 이튿날 택배로 반품을 했던 것이다. 태그도 떼지 않고, 영수증도 꼼꼼히 넣어 배낭을 포장한 기억은 있는데, 여권과 서류들을 뺀 기억이 없다! 당장 내일 오전 8시 55분 비행기로 떠나야 하는데, 여권이 없다니! 눈앞이 캄캄해져왔다. 허둥지둥 쇼핑몰 고객센터로 전화를 걸어보니 금일 업무 시간은 6시까지라는 자동 응답만이 무심히 흘러나왔다.

"어떡하지? 어떡하지? 어떻게 해야 하지?"

여권을 찾기 위해 온 가족이 짐을 뒤지는 사이 난 그것을 어떻게 되찾아야 할지 생각해내기 위해 허둥거렸다. 그때 방에서 들려오는 엄마의 목소리, "이거 아니니?" 여권과 각종 중요 서류들이 들어있는 봉투가 엄마의 손에 매달려 대롱거리고 있었다. 무의식중에 반품할 배낭에서 꺼내 바닥에 두었던 것을 T군이 카메라 배낭으로 옮겨 넣었던 것이다.

여권 실종 사건이 일단락되고, 마지막 외식을 즐기러 나간 우리는 각종 서류를 복사하기 위해 복사기가 있는 동네 부동산에 잠시 들렀다. 돌아와 본격적인 짐 싸기를 시작하려는데…어랏? 이번엔 국제운전면허증이 안 보인다? 부동산에서 서류를 복사한 후 프린터 기계 사이에 끼워놓고 그대로 나온 게 기억났다. 부랴부랴 부동산으로 뛰어갔지만 불은 이미 꺼져버린 후였다. 주변 가게에 들어가 부동산 주인의 핸드폰 번호를 물어봤지만 누구 하나 아는 사람이 없었다. 두 번의 큰 타격으로 정신은 혼미해졌고, 때는 이미 밤 9시를 넘어서고 있었다. T군은 주변을 수소문하여 부동산 주인의 핸드폰 번호를 알아보기로 하고, 난 부모님께서 걱정하실 것 같아 집으로 돌아왔는데, 현관문을 열자마자 터져 나오는 아버지의 고함 소리.
"정신 똑바로 안 차리고 그런 식으로 할 거면 세계여행이고 뭐고 가지 마! 때려치워!"
'아, 출발 하루 전 이렇게 무너지나? 일단 항공권을 취소해야 하는 건가?'
별의별 생각이 다 들었다. 하긴 반나절 사이에 정신머리 없는 실수를 두 번이나 저질렀으니, 안 그래도 걱정스럽고 못 미더운 자식들을 어떻게 저 세상(?)으로 보내랴. 그렇게 아버지 눈치를 보며 배낭에 짐을 마저 싸야 하나 말아야 하나 고민하는 사이, 밤 10시가 훌쩍 넘어 T군이 들어왔다.

"어떻게 됐어? 연락 됐어? 신분증은? 찾았어?"

다행히 근처 가게를 통해 핸드폰 번호를 알게 됐고, 퇴근했던 부동산 아주머니와 극적으로 만나 프린터 기계 사이에 갇혔던 국제운전면허증을 되찾을 수 있었다.

반나절 사이 우리의 발목을 잡는 사건이 빵빵 터진 후에야 그동안 실감하지 못했던 현실적인 걱정과 두려움이 밀려왔다. '무사히 세계여행을 마칠 수 있을까?' 밤새 짐을 싸고 우리가 잘 해낼 수 있을까 도란도란 이야기를 나누다 보니 어느새 날이 밝아왔다. 인천공항으로 가는 길, 나도 모르게 감상에 젖었다. 당분간 못 볼 대한민국의 풍경이라 생각하니 한 장면 한 순간이 그렇게 소중할 수가 없었다.

우리의 비행 일정은 오전 8시 55분에 인천공항을 출발하여 중국 푸동에서 환승 후 LA공항으로 이동, 12시간을 대기한 다음 멕시코의 '과달라하라'라는 곳으로 다시 이동하는 것이었다. 여행 준비와 장시간 비행에 지친 우리는 비즈니스 라운지 소파를 거부하지 못했고, 결국 공항 밖으로 한 걸음도 나가보지 못한 채, 우리의 최종 목적지인 멕시코 과달라하라행 비행기에 올랐다.
이때부터가 진짜 여행이 시작된 게 아닌가 싶다. 승객 중 동양인은 딱 우리 두 명뿐. 입국 카드도, 안내 방송도 온통 스페인어였다. 다행히 옆자리 승객이 영어를 할 줄 알아서 비행하는 동안 과달라하라에 대해 이것저것 물어볼 수가 있었는데, 과달라하라의 치안이 어떠냐는 질문에 그녀가 들려준 무시무시한 이야기.
"과달라하라에선 머리를 풀고 다니지 마. 네 머리카락을 팔려고 싹둑 잘라가니까. 음, 넌 단발머리니까 괜찮겠네. 그리고 가방을 찻길 쪽으로 메고 다니지 마. 오토바이를 타고 네 가방을 낚아채 가니까. 지갑도 가방 앞주머니에 넣으면 안 돼. 칼로 주머니를 도려내거든."
"아니, 현지인이 말하는 멕시코가 이렇단 말이야?"

그녀의 충고가 끝나기 무섭게 세계여행의 첫 출발지, 멕시코의 과달라하라에 도착했다는 안내 방송이 흘러나왔다. 이틀에 걸쳐 날아온 우린 지금 지구 반대편에 서 있다. 짐을 찾아 공항을 빠져나오자 도시의 새벽이 밝아왔고, 우린 출발 전 잠시 흔들렸던 몸과 마음을 다잡고 힘차게 공항을 나섰다.

드디어 남미에 왔다.

어디서부터 시작되었을까?

스무 살 여름, 친구와 함께 자전거에 텐트를 싣고 무작정 떠난 적이 있다. 당시 유행처럼 퍼진, 혈기에 시작한 빈털터리 개고생 무전여행이었다. 고생이란 고생은 작정한 듯 사서 하고, 도처에 온갖 위험들이 희번덕거리며 도사렸지만 길 위의 매력, 여행의 마력에 눈을 뜨게 된 건 그때부터였다. 지금의 날 보면 믿을 수 없겠지만 고등학생 때까지 공부만 하느라 학교와 집 밖에 모르던 나, 또다시 믿기진 않겠지만 숫기라고는 눈곱만큼도 없던 나. 그런 내가 살기 위해 낯선 이들과 소통을 하고 매 순간 새로운 경험을 하면서 '용기'와 '활력'이란 단어의 진짜 의미를 알게 된 것이다. 그해 여름이 지난 후

내 책상머리엔 사진이 하나둘 붙기 시작했다. 가장 먼저 볼리비아의 우유니 소금사막이 붙었고, 그 다음이 페루의 마추픽추였다. 가보고 싶은 곳이 하나둘 늘어갈수록 머릿속엔 막연히 '세계여행'이란 단어가 자리 잡게 되지만 그건 그야말로 꿈, 꿈일 뿐이었다.

사실 결단력은 N양이 더 좋다. 스스로도 평생 혼자 살 줄 알았고, 남들도 평생 혼자 자유롭게 살 줄 알았다던 내가 어쩌다 결혼이란 걸 하게 됐을 때, 예물도 혼수도 다 필요 없으니 함께 떠나자고 먼저 제안을 한 건 N양이었다. 모르는 사람들은 N양이 남편 잘 만나서 세계여행도 하고 좋겠다고 말하지만 그 반대다. 평생 이루어지지 못할 줄 알았던 꿈이 아내 잘 만나서, 아니 사실 손뼉도 마주쳐야 소리가 난다고, 엄밀히 말하면 우리 둘이 잘 만나서 떠날 수 있었던 거다.

떠나기로 마음을 먹은 후엔 N양이 알아서 비행기 티켓을 끊었고, 알아서 필요한 준비물을 챙겼고, 알아서 첫 날 잘 숙소를 예약했다. 그러니까 난 쫄래쫄래 N양을 따르다 보니 지구 반대편에 서 있게 된 것이다. 한 마디로 과달라하라 국제공항에 떨어지기 전까지 난 '아이고, 신난다!'라는 생각 말고는 아무 걱정도, 아무 생각도 없었다.

그렇게 제2의 개고생 여행이 시작되었다. 너무 준비 없이 온 탓일까? 도착했던 순간부터 문제는 터졌다. 예상과 달리 과달라하라 공항 밖에는 우리나라처럼 체계적인 리무진 버스 같은 건 보이지 않았다. 하얀색 택시들만 줄지어 서 있을 뿐이었다. 가난한 배낭 여행자에게 택시가 웬 말인가? 버스를 이용해서 시내로 나가는 방법을 알아야 하는데, 영어 가능한 사람 찾기가 하늘의 별 따기보다 힘들 줄은 미처 예상치 못한 일이었다. 지도를 하나 구해 지나가던 경찰관에게 우리의 목적지를 가리키고 온갖 손짓 발짓을 다해가며 '아우또부스(autobús, 버스)'를 외쳤고, 경찰관 역시 손짓 발짓으로 공항에서 10분쯤 떨어진 시내버스 정류장을 일러주었다. 입국 수속을 마친 지 두 시간여 만에 겨우 시내로 들어가는 버스에 오를 수 있었지만 과달라하라는 그리 호락호락한 상대가 아니었다. 이번엔 버스를 갈아타야 하는데 다섯 정거장쯤 잘못 내렸다. 여행 중반이었다면 스스럼없이 묻고 또 물었겠지만 여행 첫날이었다. 영어가 통하지 않는 타지에서 우리는 사실상 길 묻기를 포기하고, 지도 한 장에 의지한 채 예약해놓은 호스텔 주소를 향해 무식하게 걷기 시작했다.

아! 체력도 N양이 더 좋다. 내 다리는 열심히 앞뒤로 놀리고 있는데 자꾸만 그녀와의 격차가 벌어진다. 잠깐만 쉬었다 가자, 잠깐만 쉬었다 가자, 잠깐만 쉬었다 가자.

"1분에 한 번씩 쉬자고 말하지 좀 말아줄래?"
그렇게 우리는 서로를 격려(?)하며 과달라하라 공항에 떨어진 지 4시간여 만에 첫 숙소에 무사히 도착할 수 있었다. 한국을 떠난 지는 꼬박 2박 3일 만이었다.

N양아, 네가 아니었으면 한낱 개꿈에 그쳤을 나의, 아니 우리의 여행을 본격적으로 시작해보자꾸나! 너무 피곤하니 일단 한숨 푹 자고 일어나서 말이지.

우리의 여행은 그렇게 시작되었다.

CONTENTS

M E X I C O

G U A T E M A L A

B E L I Z E

C U B A

E C U A D O R

P E R U

B O L I V I A

C H I L E

A R G E N T I N A

B R A Z I L

멕 시 코

남미 여행, 시작은 시트콤처럼

HIERVE EL AGUA 이에르베 엘 아구아

○

SHE SAID

"예상치 못한 사건 사고가 끊이질 않는 게
여행이고 인생이야!"

>

모든 걸 정리하고 지구 반대편으로 날아온 지 20여 일이 지났다. 그 사이 멕시코의 강렬한 태양 아래 제법 그을렸고, 깨끗하던 배낭의 군데군데엔 지저분한 얼룩도 생겼다. 우리는 우유부단한 성격이 꼭 닮아서 도시를 이동할 때마다 심각한 고민에 빠지곤 했다. 다양한 코스를 둘러볼 수 있는 일일 투어를 신청할지, 한두 군데를 가더라도 여유롭게 둘러볼 수 있는 셀프 여행을 할지에 대한 선택 때문이었다. 고민에 고민을 거듭하다가 보통은 후자를 택하는 경우가 많았는데, 이번에도 역시 로컬 버스를 타고 우리끼리 이에르베 엘 아구아에 다녀오기로 결정했다.

잠깐, 이에르베 엘 아구아로 떠나기에 앞서 소개해야 할 이들이 있다. '원'과 '캐롤.' 혼자 여행 중인 원이는 와하까 호스텔에서 만난 동갑내기 한국인 친구다. 언어 연수를 받다가 현지에 살고 있는 캐롤(이제 갓 스무 살을 넘겼을까 싶은)과 사랑에 빠졌다 했다. 모든 여행자들의 로망인 국적을 초월한 사랑이라니! 여행은 역시 혼자 해야 제 맛인데…그치, T군?

하지만 원이는 결국, 슬픈 여행자였다. 와하까에서의 일정이 당초 계획보다 한 달 이상 길어졌지만 오늘 밤이면 떠나야만 했던 것이다. 원이 떠나기로 한 날 아침, 캐롤과 마지막 추억을 쌓고 싶다는 말에 함께 이에르베 엘 아구아에 가자 제안했고, 그는 흔쾌히 수락했다. 다만 캐롤이 한 시간여 떨어진 마을에 살고 있기 때문에 이에르베 엘 아구아로 가는 길목인 '미틀라'라는 유적지의 환승 정류장에서 두 시간 후 만나기로 약속을 했다.

기대했던 미틀라가 실망만 안겨주는 바람에 서둘러 약속 장소인 환승 정류장을 찾아 나섰지만 아무리 찾아봐도 정류장커녕 그 비슷한 팻말도 보이지 않았다. "어떻게 된 거지? 정보가 잘못 됐나?" 우왕좌왕하는 우리의 모습에 중학생쯤 돼 보이는 아이들이 먼저 다가왔다. 하지만 이제 막 영어를 배우기 시작한 모양인지 아이들의 언어는 한 문장이 채 만들어지지 않았다. 녀석들도 꽤나 답답했던지 우리의 손을 이끌고 무작정 걷기 시작한다. 15분쯤 걸었을까? 아이들이 가리킨 손가락 끝엔 먼지가 풀풀 날리는 비포장도로가 있었고, 그 군데군데에 덩그러니 서 있는 자그마한 트럭들이 보였다. 도대체 어딜 봐서 저게 대중교통 수난이란 말인가?

하지만 마을 사람들 말로는 딱 봐도 어디 잡혀가게 생긴, 저 '콜렉티보'라 불리는 걸 타고 이에르베 엘 아구아까지 갈 수 있다 했다. 목적지까지 왕복하는 전체 비용을 '모인 사람' 수로 나누어 돈을 지불하는 방식이었다. 우리는 콜렉티보 옆에 쭈그리고 앉아 사람들이 모이길 기다렸지만 개미 새끼 한 마리 지나가지 않았다. 핸드폰이 없어서 원이네 커플과 연락도 할 수 없는 상황. 한참을 기다리던 우리는 다른 콜렉티보에는 사람들이 좀 모여있지 않을까 싶어 돌아다녀 보기로 했다. 다행히 먼저 기다리고 있던 스페인 커플 한 팀이 있었고, 출발하자마자 운명처럼 길가를 서성이던 원이네 커플과도 합류!

해 질 무렵의 와하까(Oaxaca) 전경

이에르베 엘 아구아로 가는 길,
콜렉티보 바퀴 사이에 낀 돌덩이 구출 중

이에르베 엘 아구아 전경

6명이 앉으니 꽉 차는 콜렉티보. 사실 탔다기보단 짐칸에 구겨져 앉아 달리는 길. 처음엔 다들 신나했지만 30분이 넘어가자 점점 말수가 줄어들었다. 도로의 숨결이 온전히 느껴질 만큼 차는 심하게 덜컹거렸고, 그 덜컹거림을 온몸으로 받아내다 보니 엉덩이도 아프고 속도 울렁거렸다. 그렇게 한 시간이 넘게 비포장 산길을 달린 후에야 이에르베 엘 아구아에 도착할 수 있었다. '어휴! 이렇게 멀 줄 알았으면, 이렇게 고생할 줄 알았으면 그냥 일일 투어 신청하는 건데….'라며 가는 내내 퉁퉁 쌓여가던 불만은 이에르베 엘 아구아를 마주하는 순간 싹 사라지고 말았다.
"그래, 이 신비로운 자연을 보려고 내가 여행을 온 거지!"

산꼭대기에서 솟아오른 석회물이 절벽을 타고 천천히 흘러내리다가 그대로 증발하며 오랜 세월 동안 쌓이고 쌓인다. 이는 거대한 폭포의 형상을 이루는데 그 모습이 가히 장관이다. 하지만 뭐니 뭐니 해도 이곳의 하이라이트는 절벽 위 석회물이 녹은 하늘 호수. 호수물은 신비로운 청록색인데, 바라보기만 해서는 그 진가를 알 수 없다. 물속에 뛰어들어 온몸으로 느껴줘야 한다. 일일 투어로 왔으면 주어진 시간에 쫓겨 엄두도 못 냈을 일. 하지만 우리는 여유롭게 수영도 하고, 사진도 찍으며 신선놀음을 하듯 천상의 선녀가 된 듯 자연이 준 최고의 선물을 마음껏 누렸다.

뉘엿뉘엿 지는 해가 산등성이에 걸릴 때쯤, 약속 장소에서 콜렉티보를 기다렸다. 하지만 한참을 기다려도 보이지 않는 불빛에 불안이 엄습해왔다. 인적 없는 깊은 산꼭대기 위에 달랑 우리 세 커플만이 남겨진 채였다. 캐롤이 발을 동동 구르며 울먹이는 목소리로 말했다.

"저희 집 통금이 8시에요."

'그래, 그렇구나. 넌 아직 어리구나! 하지만 지금부터 쉬지 않고 달려도 그 시각까진 도착 못하겠다. 얘.' 하지만 나도 저 나이 땐 엄격한 통금이 있는 집에서 자랐기 때문에 그 초조한 마음을 백분 이해할 수 있었다. 게다가 원이는 오늘 밤 막차로 떠나야 하는 '슬픈 여행자'가 아닌가.

대체 콜렉티보 아저씨는 어디 간 거야? 우린 어떻게 집으로 돌아가야 하지? 설마 이 깊은 산속에서 밤을 새야 하는 건 아니겠지? 온갖 생각을 떠올리는 사이 마음이 급해진 캐롤은 급기야 산길을 걷기 시작했다. 우리도 그녀를 따라 막 움직이기 시작했을 때 저 멀리 헐레벌떡 달려오는 전조등 불빛이 눈에 들어왔다.

"휴, 살았다!"

얄미운 스페인 커플은 냉큼 운전석 옆에, 우리는 올 때와 마찬가지로 흔들리는 짐칸에 올라탔다. 트럭은 어두운 산길을 위태롭게 달리기 시작했다.

우당탕! 아름다운 밤하늘을 바라보며 달리던 행복이 공포로 바뀐 순간이었다. 차가 비포장도로의 한쪽 옆으로 자빠진 것이다. 다행히 다친 사람은 없었지만 스페인 커플은 화를 내며 어두운 밤길로 일찌감치 사라져 버렸고, 우리는 어떻게든 차를 끄집어내기 위해 애를 썼다. 엎친 데 덮친 격으로 자동차 배터리까지 방전된 채 암전. 정적이 흐른 후 운전기사가 하는 말, 걸어서 내려가란다.

"응? 얼마나 걸리는데?"

"두 시간 조금 넘게 걸릴 거야."

"……."

칠흑같이 어두운 그 깊은 산길. 우리는 사랑하는 이의 손을 꼭 붙잡은 채 걷기 시작했다. 그런데 생각해보니 이렇게 차가 처박혔다는 건 반대쪽 낭떠러지로도 떨어질 수 있었다는 뜻? 오싹, 소름이 돋았다.

얼마나 걸었을까? 한 치 앞도 보이지 않던 발밑의 흙길이 보이기 시작했고, 문득 고개를 들었을 때 밤하늘을 환하게 밝힌 별빛 때문이라는 걸 깨달았다. 그제야 두려움은 사라지고, 봄바람처럼 귓가를 간지럽히는 바람도 느껴졌다.

"그래, 까짓 거 아름다운 이 순간을 즐기자!"

우리는 돌아가며 큰 소리로 노래를 부르기 시작했다. 들썩들썩 춤까지 췄다. 걷고 또 걸어 한 발자국도 걷기 힘들 만큼 지쳐갈 때쯤

저 멀리 민가가 보였다. 희미한 가로등 불빛이 이렇게 반가울 때가 있었던가?
캐롤이 가장 먼저 문 닫지 않은 어느 구멍가게로 달려가 와하까로 가는 차편을 물었지만 대답은 절레절레, 운행이 끝났다는 것이다. 캐롤은 (현지인이니 당연히) 유창한 스페인어로 집으로 돌아가는 방법을 찾기 위해 필사적으로 사정하고 노력했다. 작고 어린 그녀였지만 오늘만큼은 그녀가 우리 중 가장 크고 위대해 보였다. 이미 운행을 마친 동네 택시 운전사를 찾아 깨우긴 했지만 와하까까진 힘들고, 대신 가까운 다음 마을까지 태워준다 했다. 그렇게 다음 마을로 이동 후 같은 방법으로 택시를 세 번이나 갈아 탄 다음에야 겨우 와하까에 도착할 수 있었다. 터덜터덜 지친 발걸음을 끌고 호스텔로 돌아왔을 땐 밤 11시가 넘어있었고, 순간순간이 믿기지 않고 당황스러웠던 시트콤 같은 하루가 끝나가고 있었다.

모든 걸 완벽하게 계획할 수도, 함부로 감히 예상할 수도 없는 미지의 대륙, 중남미. 이제야 진짜 중남미를 만난 기분이다. 제대로 된 문장 하나, 아니 단어 한 마디조차 통하지 않는 지구 반대편에서 시작된 우리의 여행은 앞으로 어떻게 흘러가게 될까?

죽음의 축제를 만나다

MEXICO CITY 멕시코시티

HE SAID

"누군가에는 슬픈 날이
누군가에게는 기쁜 날이 될 수도 있음을…."

과나후아토에서 야간버스를 타고 밤새 달려 멕시코시티에 도착했을 때는 아직 동도 트지 않은 새벽이었다. 예약해둔 호스텔로 들어서자마자 고단한 몸뚱이는 이내 침대와 한 몸이 돼 버렸다. 아침 먹을 시간쯤 되었으려나 하고 눈을 뜨니, 아뿔싸 해는 이미 중천을 넘어가 있었다. "이제 깼어? 근처 구경 안 갈래?" 침대 옆에 쭈그리고 앉아 내가 깨길 기다린 N양이 말을 건넨다. 시내를 둘러보기엔 이미 늦어버린 시간, 근처 마트나 들러볼 요량으로 호스텔을 나섰다.

호스텔 문을 나서자 저 멀리 강렬한 페이스 페인팅을 한 아이들이 한 무리 지나가는 게 눈에 띄었다. '오늘 무슨 날인가?' 고개를 갸웃거리며 골목 어귀를 도는 순간, 눈앞에 펼쳐진 무시무시한 광경에 일동 얼음. (일동이라고 해봤자 N양과 나지만….) 팔뚝만한 뼈다귀를 둘러메고 휘청거리는 몬스터, 온몸이 피투성이인 절름발이 소녀, 영화 속 프레디와 제이슨, 의식 없는 표정으로 우리를 향해 서서히 다가오는 좀비들…. 그들을 피해 슬금슬금 뒷걸음질을 치니 뒤편에는 기괴한 미소를 지어보이며 빨간 이를 드러낸 사이코 의사들이 서 있다. 몇 백 아니 몇 천 명은 족히 돼 보이는 무시무시한 괴물들로 가득 찬 도로는 공포 그 자체였다. 꿈이 아닐까? 내 손을 맞잡은 N양의 손에도 힘이 들어가는 게 느껴졌다. 물러날 곳이 없다. 우리는 이제 어떻게 되는 걸까? 갓 시작된 도전, 세계여행이라는 꽃은, 피우지도 못한 채 꺾어지고 마는 걸까? 한참이 지난 후에야 이리저리 우릴 치고 지나가는 괴물들의 무리 속에서 가까스로 정신을 차릴 수 있었다. 이국땅에서 맞이하는, 수천 명은 됨직한 끔찍한 괴물들로 구성된 정체 모를 행렬은 문화적 충격 그 자체였다.

멕시코 과나후나토 망자의 날 축제 풍경

멕시코에는 따로 제사가 없는 대신 1년에 한 번(11월 1일과 2일) 날짜를 정해 온 국민이 다 함께 죽은 자를 위로하는 축제를 벌인다고 했다. '망자의 날Dia De Los Muertos'이다. 죽은 자들은 가족과 친구들을 만나기 위해 이승으로 찾아오고, 산 자는 분장을 하고 죽은 자를 맞이한다. 요즘은 할로윈데이와 겹쳐 오늘 같은 행사(그들은 '좀비 워크'라 불렀다)도 함께 열린다고 했다. 어른, 아이 할 것 없이 한껏 괴물 치장을 하고 레포르마대로(우리나라의 강남대로쯤)로 뛰쳐나오는데, 그 수준이 웬만한 영화 속 특수 분장 뺨칠 만큼 리얼하다. 미리 알았더라면 우리 N양의 얼굴에 선크림 좀 잔뜩 바르고, 흰 소복이라도 입혀 한국 처녀 귀신의 위상이라도 좀 날렸겠지만 아무런 준비도 못한 우리들에게 주어진 건 그저 괴물들 틈에 낀 시민 역할 뿐이었다. 아, 공포에 질린 채 떨고 있는 표정은 필수!

지구 반대편에서 망자의 날 축제를 경험하며 불현듯 아버지가 떠올랐다. 제삿날이 가까워지면 우리 부자의 언성은 매번 높아졌다. 실리와 효율을 중요시하는 내게 아버지는 조상을 잘 모셔야 우리 세대가 잘 살고, 또 후대가 편하다 이르시며 예와 격식을 차리고 온 정성을 다하여 제사상 차리기를 강요하셨기 때문이다. 난 제사가 싫었다. 조상을 섬기는 것 자체가 싫었다기보다는 지나치게 형식을 중요시하는 유교 문화가 싫었던 것 같다. 망자의 날을 자유롭고 유

너무나 리얼해서 깜짝 놀라게 되는 망자의 날 행사

쾌하게 맞이하는 멕시코인들의 얼굴에는 죽은 자들을 애도하는 슬픔보다는 죽음으로 인해 헤어질 수밖에 없었던 가족과 만나는 상봉의 반가움이 더 크게 담겨져 있었다. 영혼이나 귀신의 존재를 아주 믿는 편은 아니지만 저들처럼 만남의 기쁨을 가득 담아 조상들을 맞이한다면 오랜만의 이승 나들이에 나선 이들이 좀 더 즐거운 추억을 안고 돌아갈 수 있지 않을까?

한 편의 공포 영화를 방불케 하는 멕시코시티의 깜짝 환대에 앞으로 전개될 남미 여행은 또 얼마나 흥미진진할지 묘한 흥분감이 일어난다. 자, 이제 시작해보자. 우리의 세계여행을….

카리브해의 보석, 배낭 여행자에게 칸쿤이란

CANCÚN 칸쿤

○

SHE SAID

"허니문 여행자에게는
보이지 않는 칸쿤의 이면!"

>

몇 해 전부터 우리나라의 예비 신랑, 신부들에게 각광받고 있는 허니문 여행지 중 한 군데가 바로 '칸쿤Cancún'이다. 주변에 결혼을 준비하거나 이미 결혼식을 치른 친구들을 보면 허니문 후보지로 칸쿤이 꼭 들어있다. 그러다 비싼 가격 때문에 헉 하며 포기하기 일쑤. 사실 나도 그랬었다.

하지만 지금 이야기하고자 하는 칸쿤은 좀 더 현실에 가깝다. 우리는 이제 막 결혼식을 마치고 날아온 샤방샤방한 신혼부부가 아니라 그저 한 푼이 아까운 궁상맞은 장기 배낭 여행자일 뿐이니까.

칸쿤은 크게 두 지역으로 나뉘어져 있다. 하나는 고급 호텔과 리조트들이 해변가를 따라 길게 늘어선, 소위 '호텔존'이라 불리며 여행객들을 상대로 하는 비싼 관광 지역. 다른 하나는 해변가에서 버스를 타고 한 번 더 들어가야 하는, 칸쿤의 일반 주민들이 주로 살고 있는 다운타운 지역이다. 사전 조사를 통해 칸쿤의 이 같은 지역 생리를 익히 알고 있던 우리는 호텔존을 지나쳐 당연한 듯 다운타운으로 향했다. 하지만 우리가 다운타운에서 마음에 쏙 드는 호스텔을 찾았을 때, 내 발에 이상 신호가 생겼음을, 아니 진즉에 생긴 이상 신호가 심각한 경보를 울리고 있음을 알아차렸다. 엄지발가락에 자꾸 물집이 잡히는 것을 대수롭지 않게 생각하고 방치했더니 물집이 곪고 터지기를 반복하다가 급기야 걸을 수도 없을 만큼 심각해진 것이다. 처음엔 약국에서 연고를 사다가 발라보았지만 점점 발이 썩어 들어가는 느낌만 심해졌다. 말도 안 통하는 이곳에서 발가락을 잘라내야 하는 게 아닌가 하는 괜한 상상력을 키우고 키운 후에야 칸쿤의 병원에 들렀다. 어딘가 많이 허술해 보이는 병원이었지만, 다행히 영어를 할 줄 아는 백발의 할아버지 의사선생님이 한

칸쿤 근처 익킬(Ik kil) 세노떼

분 계셨다. 장기간 여행으로 면역력이 떨어진 것 같다며, 되도록이면 물이 닿지 않도록 하고 일주일 정도 매일 병원에 들러 주사를 맞아야 한다는 의사선생님의 말씀! "아! 죽을 병(?)은 아니구나!" 안도의 한숨을 내쉼과 동시에 곧바로 드는 생각. '아름다운 칸쿤 바다를 눈앞에 두고, 들어가지도 못한다고!!!'

그날부터 난 매일 T군의 부축을 받으며 하루에 한 번씩 병원만 왔다 갔다 할 뿐, 꼼짝없이 호스텔에서 요양을 하게 되었다. 다행히도 우리 호스텔이 새로 생긴 곳이라 깔끔하고 쾌적했기 때문에 여행을 시작한 후 거의 처음으로 아무런 생각 없이, 걱정 없이, 고민 없이 푹 쉴 수 있었다. 호스텔 앞마당에서 차 마시며 멍 때리기, 바구니에 종류별로 과일 쌓아놓고 먹기, 지나가는 사람들 구경하기, 드라마 다운 받아 보기, 졸리면 낮잠 자기 등.

꾸준히 병원을 다니며 마냥 푹 쉰 지 5일째 되는 날, 혼자 걸을 수 있을 만큼 발가락 상태가 좋아졌다. 드디어 칸쿤의 바다를 볼 수 있겠구나! 그러나 그 길에는 생각지도 못한 장애물이 있었으니, 우리 같은 배낭 여행자에게 해변으로 들어가는 길은 하늘의 별 따기만큼이나 힘들어 보였다. 왜냐고? 칸쿤의 백사장은 해변 빽빽이 늘어선 호텔 로비를 거쳐서만 들어갈 수 있었는데, 대부분의 호텔에서는 투숙객에게 저 멀리서도 한눈에 알아볼 수 있도록 원색의 팔찌를 채워준다. 그 호텔 투숙객용 팔찌가 없으면? 우리같이 돈 없는 여행자 나부랭이가 바닷가로 들어서기 위해 로비로 들어서는 순간, 경비원이 어디선가 잡상인(?)을 쫓아내기 위해 달려오는 것이다.

몇 번씩 호텔을 바꾸고 경비원의 눈치를 보면서 대여섯 번의 시도 끝에 간신히 칸쿤 바다를 마주할 수 있었다. 어렵사리 들어간 칸쿤의 바다는 말로, 글로 표현할 수 없을 만큼 예뻤다. 비록 해변가에 자유롭게 드나들 수 없도록 가로막은 호텔들이 얄밉긴 했지만, 그 호텔들이 푸른 해안선과 어우러져 만들어내는 실루엣의 아름다움만은 인정할 수밖에 없었다. 또 한낮에는 에메랄드빛, 해질 무렵이면 점점 신비로운 보라색으로 바뀌는 바다색을 보고 있자니, 왜 사람들이 "칸쿤, 칸쿤~!" 하는지 알 수 있었달까. 시시각각으로 변하는 바다를 바라보고 있는 것만으로도 가슴이 벅차오르는 느낌이었다.

만약 내가 정신없는 결혼식을 막 끝내고 신혼여행으로 칸쿤을 왔더라면, 세상 이런 낙원은 없었으리라. 하지만 가난한 배낭 여행자에게 칸쿤은 감히 넘을 수 없는 비싼 상술의 관광 도시였다. 다행히 그 상술이 용서될 수 있었던 건 세상 어디에도 없을 카리브해의 보석, 카리브해의 자존심, 칸쿤의 바다가 형언할 수 없을 만큼 아름다웠기 때문이다.

칸쿤에서 다녀올 수 있는
이슬라 무헤레스(Isla Mujeres)로 가는 요트

#

멕시코시티의 지하철은 온갖 범죄의 온상이라는 소문을 귀가 따갑게 들었기 때문에 절대 타지 않으리라 마음먹었지만 아무리 먼 구간을 가더라도 250원이라는 매력적인 가격 때문에 가난한 여행자는 현실과 타협해야 했다. 눈 크게 뜨고 정신만 똑바로 차리면 될 줄 알았던 지하철 타기는 육체적 힘까지 필요로 했다. 들어오는 열차 옆에 그냥 다닥다닥 붙어 서서 막무가내로 타고 내리는 것은 물론 과연 누구 앞에서 문이 열릴 지조차 기관사 마음대로. 네 대쯤 그냥 멍하니 보낸 후에야 안 되겠다 싶어 사람들 틈에 구겨져 열차를 탈 수 있었다. 그 후 내릴 때까지 고개 한 번 돌리지 못하고, 제대로 숨도 못 쉴 정도로 압박을 당했다. 멕시코시티에서 지하철 타기는 엄청난 용기와 힘, 그리고 깡을 필요로 한다.

한가한 시간의 멕시코시티 지하철 풍경,
허리춤에 총을 찬 경찰을 만나볼 수 있다.

#

"어? 슈퍼주니어? 저기 봐. 슈퍼주니어 팬클럽인가 봐!"

손가락으로 가리키며 외쳤더니 한 아이가 묻는다.

"Where are you from?"

"I'm from Korea."

대답과 동시에 광장 앞에 퍼져 있던 덩치 큰 멕시코 청소년들이 우리를 에워싼다.

"뭐? 뭐? 어쩌라고?"

바짝 얼어서 뒷걸음질을 치는데, 정말 한국 사람 맞냐며 사진 한 번만 같이 찍자고 난리다. 우리가 마치 슈퍼주니어라도 된 마냥 눈에서 하트를 뿅뿅 내뿜는다. 우리가 뭐라고 사진 한 번 찍기 위해 길게 늘어선 모습에 실소가 터져 나왔지만 그들에게 좋은 추억 하나 선사해주기 위해 최대한 멋진 포즈를 취했다. 이 순간만큼은 내가 한류 스타다! 한 명 한 명과 일일이 다 찍어주느라 30분도 넘게 걸린 듯.

멕시코시티 예술 궁전 광장 앞에서
슈퍼주니어 팬클럽과 함께

#

여행 중 인상 깊은 장면이 반드시 멋진 대자연이나 근사한 먹거리일 필요는 없다. 그저 거리를 걸으며 눈에 들어오는 자연스러운 그들의 일상 풍경이 뇌리에 더 깊이 박힐 때도 있는 법!

+
(위) 과달라하라의 공원 옆 가로수 길 아래 놓인 수십 개의 구두닦이 점포들
(가운데) 틀라케파케의 이국적인 PC방 풍경
(아래) 과달라하라 시장 한가운데에서 열리는 뜨개질 수업

#

과나후아토의 마트에서 발견한 오뚜기 라면.
기대하지도 않았던 친구를 만난 것처럼 반갑기가 한이 없다. 점심 먹고, 저녁 먹고, 다음날 또 아침으로도 먹고….
배낭에 한가득 채워 넣었다. 앞으로 며칠 동안은 행복할 것 같다.

#

플라야 델 카르멘에서 매년 열리는
BPM뮤직 페스티벌!
내가 좋아하는 장르인 일렉 음악 파티가
해변가의 모래사장에서 10일간 끊임없이
열린다.
비키니 입은 미인들을 바라보는 것도 좋고
(N양아, 미안하다…)
모래를 밟으면서 춤을 추는 것도 좋고,
시원한 바닷바람에 온몸을 맡기는 것도 좋다.

해변에서 펼쳐지는
광란의 BPM 페스티벌

일상 속에서 억압받아왔던 감정의 봉인이 한번 해제되자

걷잡을 수 없는 감정들이 한없이 쏟아져 나온다.

나… 감정이 있는 사람이었구나.

M E X I C O

G U A T E M A L A

B E L I Z E

C U B A

E C U A D O R

P E R U

B O L I V I A

C H I L E

A R G E N T I N A

B R A Z I L

과 테 말 라

여행 중 만난 일상으로의 초대

SAN PEDRO 산 페드로

○

HE SAID

"어제도,
오늘도,
내일도 행복한 하루!"

석양이 짙게 내려앉을 때면 마을 전체가 오렌지빛으로 물드는, 황홀한 아티틀란Atitlan 호수와 만난 지도 어느새 보름이라는 시간이 지났다. 아름다운 호수의 풍광에 한눈에 반해버린 우리는 한 치의 망설임도 없이 산 페드로에서 한 달여를 머물기로 했는데, 이 글은 한 달 동안 변함없이 반복됐던, 여행이 아니라 마치 일상과도 같았던 우리들의 하루 이야기다.

러시아의 바이칼, 페루의 티티카카와 함께 깊고 너른 세계 3대 호수 중 하나인 아티틀란. 그 유명한 호수가 훤히 내려다보이는 산 페드로의 페넬레우 호스텔에서 맞이하는 새벽 공기는 언제나 상쾌하다. 호수 전체를 뒤덮었던 새벽 물안개가 유유히 사라지고, 맑고 청량한 아침이 시작될 때면 우리도 말간 얼굴로 등교 준비 끝! 여행 중 웬 등교냐고? 멕시코를 여행하며 '만국의 공통어'라는 영어가 잘 안 통한다는 사실을 뼈저리게 실감했기 때문에 앞으로의 중남미 여행에 대비해 이곳 산 페드로에서 스페인어를 공부하기로 한 것이다.

학교까지는 걸어서 10분 남짓. 울창한 숲 속 호숫가에 자리한 '산 페드로 스페인어 학교'에는 우리네 원두막 같은 방갈로가 여러 채 놓여있다. 각각의 방갈로가 선생님과 학생이 일대일로 공부하는 하나의 교실인 셈이다. 먼저 도착한 학생이 교실을 선택할 수 있는 우선권을 갖기 마련. 나는 늘 호숫가 바로 옆 방갈로를 사수하기 위해 일찍 도착하곤 했다. 수업을 듣다가 잠시 고개를 돌리면 호수 위 평온한 모습이 눈에 들어온다. 저 멀리 손낚시를 하는 작은 배들과 옹기종기 모여앉아 물 위를 수놓는 물오리들, 바람 한 점 없어 고요하다 못해 적막함이 감도는 이 시간에는 물결 소리, 그리고 선생님과 나의 스페인어 소리만이 나직이 찰랑거린다.

호수 맞은편에 있는 산 마르코스로 가는 카약을 저으며…

일대일 수업이기 때문에 N양과 나는 선생님이 달랐다. "오늘 뭐 배웠어?", "나 오늘 이거 배웠지롱!", "그럼 넌 이거 알아?" 오전 수업이 끝나고 호스텔로 돌아오는 길, 우리는 경쟁 모드로 종알종알 수다를 떨었다. 서로 배운 걸 자랑하고 싶어 안달 난 모습이 학교에서 배운 걸 잘난 척 해대는 어린아이 같다.

오후엔 주로 학교 친구들과 이웃 마을로 놀러나가곤 했다. 퀘백에서 온 60대 노부부, 스웨덴에서 온 50대 귀여운 학구파 아주머니, 멀리 대만에서 봉사하러 온 애쉬, 혼자 세계여행 중이라는 용감한 그녀, 한국인 민지까지, 모두 우리들의 친구였다.
'산 마르코스'라는 앞마을에 가기로 한 날. 산 마르코스는 호숫가 반대편에 있으니 오늘의 교통수단은 카약(이라고 부르기에는 다소 비루한 배)이다. 선착장에서 자신이 좋아하는 색상의 카약을 골라 호수 위로 나아간다. 앞서거니 뒤서거니 서두를 필요는 없다. 그저 천천히 호수 위를 떠 있다가 하늘 한 모금, 바람 한 점에 목을 축이며 노 한 번 젓고, 서로의 모습을 카메라에 담아주면서 또 한 번 노를 저으면 그만이다. 그렇게 호수 위를 떠다니다 보니 저 멀리에 보이던 마을이 어느새 가까이 다가와 있다.

선착장 근처의 카페에 들러 커피도 한 잔 하고, 마을 사람들과 눈인

사도 건네며 동네 골목을 어슬렁거렸다. 담벼락의 낙서도 감상하고, 동네 개와 대화도 나누며 어영부영 보내는 시간 속에서 N양이 말을 걸어온다.

"집에 돌아가면 낮잠이나 자자!"

"우리가 집이 어딨냐?"

"하늘 아래 두 발 뻗고 잘 수 있는, 시원하게 씻을 수 있는, 배부르게 밥 해 먹을 수 있는 호스텔이 바로 우리 집이지!"

"하긴 침대 하나 덜렁 놓여있는 낡고 허름한 우리 호스텔이 지금은 세상에서 가장 아늑하고 편안하게 쉴 수 있는 공간이니 집 맞네, 집."

여행을 떠나기 전엔 자주 사용하지 않아 생소했던 단어 '행복.' 하지만 낯선 이곳에선 도처에 행복이 깔려 있다. 하늘 아래 우리 방 한 칸. 그 안에 침대가 푹신하니 행복하다. 따뜻한 물이 잘 나오는 것만으로도 행복하다. 작은 배를 타고 기꺼이 건널 수 있는 자연이 있으니 행복하다. 친구들이 있는 학교에 갈 수 있으니 행복하다. 이 모든 걸 함께 나눌 수 있는 N양이 있어서 더없이 행복하다.

호수 위로 떠오른 보름달이 밝기도 하다. 산 페드로의 별들은 오늘도 변함없이 밤하늘을 가득 메웠다. 어제처럼 지난주처럼 즐거웠던 하루여, 안녕. 변함없는 모습으로 내일 만날 하루여, 안녕.

산 페드로 스페인어 학교(학원)의
감각적인 벽 장식과 운치 있는 교실 풍경

과테말라의 전통 의상을 입고 있는 여인들

신이 만든 자연의 테마 파크

SEMUC CHAMPEY 세묵 참페이

○

SHE SAID

"여행,
잃어버렸던 순수함과
설렘을 되찾는 시간!"

지금의 에버랜드가 자연농원이었을 적, 그러니까 한 20년 전쯤 우리집은 자연농원 연간 회원권을 끊은 가족이었다. 매주 토요일이면 온 가족이 신나게 자연농원으로 달려가 각종 놀이기구와 퍼레이드를 즐기며 꿈꾸듯 즐거운 주말을 보내곤 했다. T군도 놀이동산이라면 환장을 하는 어른 아이. 특히 매년 여름이면 캐리비안베이로 달려가 온몸이 물에 불어 터지겠다 싶을 때까지 물놀이를 하는 마니아다. 에버랜드에 대한 추억이 이렇게 둘 다 남다르다 보니, 어느 순간 "오! 에버랜드보다 재밌어!" 또는 "에이, 에버랜드보단 별론데?"하며 즐거움의 기준을 에버랜드에 두는 버릇이 생겼더랬다.

이런 우리가 에버랜드보다 훨씬 좋다고 의견을 모은 곳이 있으니, 과테말라의 세묵 참페이다. 마야어로 '성스러운 물'을 의미하는 이곳은 이름에 걸맞게 깊은 밀림 중에서도 가장 깊숙한 협곡 안쪽에 자리 잡고 있다.

안티구아에서 낡은 승합차를 타고 7시간 만에 도착한 랑킨. 마을로 들어섰을 때 해는 이미 저물어 하늘이 검게 물들어 있었다. 굳어버린 몸을 풀기 위해 "아이고! 다 왔다!" 하며 크게 기지개를 펴는데, 들려오는 기사의 한마디.
"이제부터는 좁고 험한 산길이라 저 앞에 있는 트럭으로 갈아타셔야 합니다."
스카이콩콩을 탄 듯 끊임없이 통통거리는 트럭 짐칸은 앉아서 가는 게 더 고역이다. 운전석 쪽 난간을 붙잡고 서서 두리번거리다가 문득 하늘을 보는데, 나도 모르게 입이 쩍 벌어졌다. 새까만 밤하늘에 총총총 별들이 가득했다. 검푸른 우주 공간 속을 유영하듯 작은 트럭은 끊임없이 달렸다. 털털거리는 트럭 짐칸과 아름다운 별들이 만들어내는 이 어색하고도 완벽한 시간에 차츰 익숙해질 즈음, 드디어 세묵 참페이에서 가장 가까운 호스텔 '엘 포탈'에 도착.

"어서 오세요. 오시느라 고생하셨습니다."

"여기에 호스텔이 있다고요? 아무것도 안 보이는데요?"

그곳은 말 그대로 암흑이었다. 얼굴도 제대로 보이지 않는 호스텔 주인의 손을 붙잡고 그의 작은 랜턴 불빛에 의지한 채 더듬더듬 우리가 묵을 방으로 안내되었을 정도다.

"이 일대가 모두 정전인가요?"

"아니요. 이곳은 전기가 넉넉하지 않아 매일 저녁 6시부터 밤 10시까지만 리셉션에서 전기를 사용할 수 있어요. 호스텔 내 모든 손님들은 이 시간에만 줄을 서서 전자기기를 충전하거나 인터넷 사용을 할 수 있답니다. 지금은 밤 10시가 넘어 모든 전기를 차단한 상태에요."

"헉, 헉, 헉!"

이 깊은 산속의 어둠에서 우리가 할 수 있는 건 아무것도 없었다. 그저 발 닦고 잠이나 잘 수밖에….

다음날 산새 지저귀는 소리에 살며시 문을 밀고 나가니, 물안개 피어오르는 숲 속 한가운데 지어진 통나무집 아래에 내가 서 있었다. 영화 속에서나 보던 장면이었다. 마치 크리스마스 선물을 개봉하기 전 손으로 살포시 두 눈을 가리듯, 이토록 아름다운 광경을 보여주

기 위해 어젯밤 칠흑 같은 어둠이 우리의 눈을 가렸었나 보다. 세묵 참페이의 아침 풍경은 기대 이상으로 아름다웠다.

첩첩산중의 상쾌한 공기 속에서 아침을 먹고, 리셉션에 모여 오늘의 투어를 시작했다. 세묵 참페이에서 가장 가까운 호스텔답게 걸어서 갈 수 있다기에 슬리퍼 하나 달랑 신고 가벼운 마음으로 출발했는데, 축축하고 가파른 산길을 오르자니 자꾸만 미끄러져 여간 힘든 게 아니었다.

"휴우, 얼마나 더 가야 하나요?"

숨이 턱까지 차올라 포기할까 싶을 때쯤, 먼저 오른 그룹의 탄성 소리가 들려왔다. 힘을 쥐어짜내 정상에 오르자 사진 속에서 보았던 아름다운 풍경이 발아래에 펼쳐진다. 온몸에 비 오듯 흐르는 땀과 습한 기운에 꿉꿉해진 우리에게 저 멀리 보이는 자연 풀장은 말 그대로 파라다이스처럼 보였다. 절벽 위에서 그대로 점프해 물속으로 뛰어들고 싶은 마음이 들만큼 시원해 보였다.

"이제부터 즐기러 가는 거야!"

일행을 따라 비탈을 달리듯 내려와 자연이 만든 천연 수영장, 세묵 참페이로 풍덩 몸을 날렸다. 온몸의 땀들이 한없이 청량한 물속으로 스며들어 말끔히 사라지던 그 느낌을 지금도 잊을 수가 없다. 물 안팎의 모든 것들이 깨끗했던 세묵 참페이. 여행을 떠난 지 두 달이 지난 그때서야 서울에서 안고 온 스트레스의 찌꺼기들이 하나도 남

김없이, 아주 완전히 씻겨 내려가는 듯했다. 마치 온몸으로 사이다를 마신 느낌이랄까?

계단처럼 층층이 이어진 세묵 참페이는 풀장의 깊이도 모두 제각각

이었다. 발목 높이에서부터 허리 즈음의 물장구치기 좋은 곳도 있고, 어른의 키가 완전히 잠길 만큼 깊어 다이빙하기 좋은 곳도 있었다. 자신의 수영 실력에 맞는 곳을 선택하면 된다. 우린 둘 다 수영을 제법 하니까 모든 곳에 입장 가능한 자유이용권을 획득한 셈! 적당히 이끼가 낀 바위 틈 사이는 천연 미끄럼틀, 작은 폭포수는 온몸을 두드려주는 천연 안마장, 이곳은 천연 워터파크 그 자체다.

세묵 참페이의 또 다른 코스는 동굴 탐험이다. 어두운 동굴 입구에서 각자에게 초를 하나씩 나누어준다. 흔들리듯 피어오르는 작은 불빛 하나가 동굴 속에서 내가 의지할 수 있는 유일한 문명 도구다. 박쥐가 날아다닐 것 같은 어두운 동굴 속. 때로는 좁디좁은 동굴을 잔뜩 움츠린 채 낮은 포복으로 기어가고, 때로는 물속으로 들어가 불이 꺼지지 않도록 수면 위로 촛불을 치켜든 채 아등바등 수영을 해야 했다. 줄 하나를 붙잡고 바위를 기어오르기도 하고, 보이지 않는 깊은 수면을 향해 어둠 속의 다이빙을 하기도 했다. 이 모든 것들이 자연의 어떤 빛도 존재하지 않는 동굴 속에서 이루어진다. 그야말로 평소엔 경험해보지 못한 짜릿한 모험이었다. 1시간 남짓했던 어둠 속 탐험을 끝내고 한 줄기 빛이 새어 들어오는 동굴 입구로 돌아오자 이 모든 게 꿈인가 싶다.

여행은 공간의 이동만이 아니라 때론 시간을 넘어서기도 한다. 새벽녘 협곡을 가득 메웠던 물안개 속에는 어쩌면 피터 팬이 서 있었는지도 모르겠다. 무의식중에 그의 손에 이끌려 들어온 모험의 나라, 신이 빚은 천연의 놀이동산에서 어린 시절의 우리를 만날 수 있었다. 잊고 지냈던 꿈과 희망과 모험의 설렘을 오롯이 간직한 나, 그리고 그런 나보다 훨씬 개구진 어린 시절의 T군도.

#
"우와! 저 새는 무슨 새인데, 저리 예쁜가요?"
"과테말라의 국조에요, 케찰."
병아리를 닮은 귀여운 얼굴, 신비로운 녹색 깃털로 뒤덮인 몸통과 짙고 붉은 가슴, 땅까지 닿을 듯 길게 내리뻗은 케찰의 꼬리. 감탄을 절로 부르는 우아함의 극치다. 하지만 범접할 수 없는 경건함마저 느껴지는 이 새에는 슬픈 전설이 서려 있다. 스페인의 정복군에 의해 과테말라의 선조들이 죽어갈 때 그들의 피를 가슴으로 받아내 가슴 깃털이 붉은색으로 진하게 물들었고, 그때의 슬픔 때문에 울음소리를 잃어버렸다고 한다.
"케찰은 키울 수가 없는 새죠. 사로잡히는 순간 죽어 버리니까."
구속되느니 차라리 죽음을 택하는 멋진 새. 때문에 어느 누구도 케찰을 사로잡으려고 하지 않아 영원한 자유를 얻은 새. 케찰만큼 자유를 가장 소중히 여기는 과테말라인들. 너네 좀, 아니 많이 멋있다!

#

스페인어 선생님 '라몽'의 결혼식에 초대된 우리는 그 전날부터 하루 종일 히죽히죽 웃음이 멈추질 않았다.

"아싸! 오래간만에 포식 좀 하겠는데?"

"맨날 라면 아니면 맨밥에 반찬 하나였는데 몇 달 만에 배에 기름칠 좀 하는 건가?"

예식은 동네 작은 교회에서 치러졌고, 소박하지만 경건했다. 하지만 기도가 길어지자 종교가 없는, 더군다나 무슨 말인지 하나도 못 알아듣고 있던 우리는 점차 지루해졌다. 피로연은 언제 시작하려나? 상다리 휘어지게 맛있는 음식이 가득 차려져 있겠지? 히죽히죽.

"네? 여기서 피로연을 한다고요?"

교회에서 조금 떨어진 라몽의 집 앞 좁은 골목길에 펼쳐놓은 간이 테이블. 그 옆에 쭈뼛쭈뼛 서 있으니 주먹만한 따말(Tamal, 옥수수 잎으로 말아 찐 옥수수빵)을 두 개씩 손에 쥐어준다. 양손에 따말을 쥐어들고 당황한 모습으로 서 있는 건 우리 뿐. 결혼식에 초대된 사람들의 얼굴엔 즐거운 미소, 축하의 표정만이 가득했다.

"아! 나 도대체 뭘 기대한 거야? 이 따말 하나가 바로 행복인 것을…."

+

동네 교회에서 소박하게 결혼식이 진행 중이다.
신부가 입은 옷은 과테말라 전통 의상

#

안티구아의 화산에 올랐다. 이 험난한
지형의 산꼭대기까지 우리를 데려와준
가이드가 가방에서 무언가를 꺼내어 나무
막대기에 꽂기 시작한다. 마치 '꼬치'처럼 엮여있는
하얀 덩어리의 정체는 바로 마시멜로. 살아있는 화산이라는 것을
증명이라도 하듯 끊임없이 뜨거운 지열이 뿜어져 나오는 땅 위에
마시멜로를 살며시 놓으면 요리 끝! 향긋한 내음을 풍기며 서서히
익어가는 마시멜로의 우아한 자태만큼 맛 또한 기가 막히다. 결국
가이드가 준비해간 마시멜로 한 봉지를 다 비우고서야 산을 내려올 수
있었다. 화산에서 구워 먹는 마시멜로! 이 얼마나 낭만적인 만찬인가.

#

어느 날 과테말라에서 날 가르쳤던 (영어를 못하는) 19살짜리 스페인어 선생님이 페이스북에서 말을 걸어왔다. 물론, "철수야, 안녕?", "영희도 안녕?", "잘 지내니?", "응, 난 잘 지내." 정도의 초보적인 스페인어 대화였다. 그러다 갑자기 선생님이 'will go in my home.' 이라며 집에 간다는 메시지를 보내왔다. 그 순간 나도 모르게 'ㅋㅋ'라는 말을 입력했는데, 화면에 보이는 건 'zz'다. 다시 'kk'로 입력하려고 보니 이미 집에 가고 없는 선생님. 자동반사 모드가 되어버린 'ㅋㅋ'의 폐해다.

#

Pavo(빠보, 잘못 발음하면 '바보'), 스페인어로 칠면조라는 뜻이다. 스페인어 학교로 가는 길목에 사는 칠면조 친구는 아침마다 우리를 보고 '코로로로~~'하고 울어댔다. 스페인어로 '빠보'가 칠면조라는 걸 배운 날부터 우리는 개구쟁이 아이들처럼 녀석을 보며 '바보, 바보'라며 놀려대곤 했다.

그런데 추수감사절의 첫 날, 갑자기 '빠보'가 보이지 않았다(남미인들도 추수감사절에는 칠면조를 먹는다). 다시 못 볼지도 모른다는 생각에 가슴 한 구석이 먹먹했다. 바보라고 놀렸던 것도 미안해졌다. 며칠이 지난 어느 날의 등굣길. '빠보'가 돌아왔다. 그리고 언제나처럼 힘차게 울어댔다. '코로로로~~!'

친구야 반갑다. 내년에도 내후년에도 잘 살아남길 바란다. ^^

시원한 바람, 시야를 가득 채우는 풍경, 목을 축여주는 물 한 모금,

그리고, 이 순간을 함께할 수 있는 동행 한 사람.

행복하기 위해 무엇이 더 필요하단 말인가…

M E X I C O

G U A T E M A L A

B E L I Z E

C U B A

E C U A D O R

P E R U

B O L I V I A

C H I L E

A R G E N T I N A

B R A Z I L

벨 리 즈

작은 섬, 느린 섬, 천국의 섬

CAYE CAULKER 키 코커

○

SHE SAID

"사는 게 힘들어 어느 날 훌쩍 사라지면
이곳으로 찾으러 와요!"

>

"천국 그 자체였어. 바다 한가운데에서 거북이, 상어, 가오리와 함께 자유로이 헤엄칠 수 있는 지상 최고의 파라다이스! 세상 어디에도 그런 곳은 없을 거야."

멕시코에서 만난 한 여행자, 3년째 세계여행 중이라는 그의 말 한마디에 달려가게 된 벨리즈의 키 코커Caye Caulker. 계획에도 없던 곳일뿐더러 사실 벨리즈란 나라 자체가 있는 줄도 몰랐었다.

벨리즈. 북쪽으로는 멕시코, 서쪽으로는 과테말라와 접해 있고, 남쪽으로는 온두라스만, 동쪽으로는 카리브해와 접해 있다. 국토 면적 22,966㎢(남한의 1/4 정도)에 인구 30만 명이 조금 넘는 이 작은 나라는 중남미 국가 대부분이 스페인의 식민지였던 데 반해 영국의 식민 아래 있었기 때문에 유일하게 영어를 쓴다. 최종 목적지는 벨리즈 시티에서 쾌속 보트를 타고 45분을 더 들어간 곳에 위치한 키 코커. 기다란 타원형으로 생긴 이 섬은 걸었을 때 짧은 지름이 15분 남짓, 긴 지름은 2시간 정도면 끝에서 끝까지 닿을 수 있는 작은 곳이다.

이 자연 그대로의 섬 위에는 뚝딱뚝딱 손으로 만든 집들이 늘어서 있는데, 나무로 된 팻말이라도 하나 세워져 있으면 가게, 그렇지 않으면 가정집이다. 사실 거리의 집들은 너무도 촌스럽고 조잡한 색들의 조합이 틀림없는데 희한하게도 여기처럼 날것 그대로의 생동감 넘치는 거리를 본 기억이 없다. 도화지의 배경색이 카리브해의 새파란색이라서일까? 목이 마르면 그림처럼 서 있는 길거리 야자수 열매 하나를 따 먹으면 그만이다.

우리의 하루 일과는 아침을 먹고 가깝거나 먼 바다로 나가 수영을 하거나 스쿠버다이빙을 즐기는 것으로 시작된다. 키 코커의 바다는 벨리즈 배리어 리프(육지에서 멀지 않은 바다 속에 길게 이어져 있는 산

호초) 지역에 속하고 있어 늘 잔잔하고 평화롭다. 한 마리 인어가 되어 각종 물고기들과 거북이, 때론 순한 상어들과 함께 수영을 즐기며 아름다운 산호초 사이를 유영하다 보면 어느새 배가 고파진다. 어슬렁어슬렁 바다에서 걸어 나오며 바라보던 섬을 난 여전히 눈 감고도 그릴 수 있다. 매일 봐도 질리지 않던, 내가 사랑하는 풍경이니까.

키 코커에서 한 달가량을 지내면서 난 느림의 미학을 사랑하지 않을 수 없게 되었다. 'Go Slow'라는 표어를 쓰는 이 섬에서의 생활은 아침 먹고 수영하기, 점심 먹고 뒹굴거리기, 저녁 먹고 별 보며 잠들기가 전부였다. 일상에서도, 여행 중에도 매일 더 많은 것을 보고 얻기 위해 바쁘게 살아온 내 삶에 변화가 생긴 것이다. 하지만 처음부터 이 생활이 익숙했던 것은 아니다. 세상살이 바쁜 거 하나 없어 뛰어 다닐 일 없고, 문제가 생겨도 화내는 일 한 번 없는 이곳 사람들을 보면 헛웃음만 나올 뿐이었다. 하루는 이런 일도 있었다. 먼 바다에 나가 다이빙 수업을 하기로 약속하고 돈까지 이미 지불했는데, 배가 고장나 못 가게 됐다며 내일이나 모레 가잔다. 허허 웃는 섬 사람들에게 나는 차마 화를 낼 수 없었다(웃는 얼굴에 침 못 뱉는다는 속담은 아마도 사실인 것 같다). 그렇게 하루가 지나고, 이틀이 지나자 나도 점점 그들의 삶에 동화되었고, 모든 게 평화로운 이 섬에선 뛸 일도 화낼 일도 없어졌기에 거울 속 내 표정은 한층 온화해져 있

돌조각 위에 송곳 하나로 쓱쓱 새겨넣은 작품

었다. 그들 말이 맞았다. 오늘 못 가면 내일 가면 되지, 뭐.

해가 지면 우리는 섬의 북쪽 끝으로 걸어가곤 했다. 그 끝에는 '게으른 도마뱀'이라는 바가 하나 있었는데, 볼 때마다 '이름 한 번 잘 지었네!'라는 생각이 들었다. 바 앞엔 낮이건 밤이건 한껏 늘어진 사람들이 모래사장 위를 뒹굴거리고 있었다. 흑인, 백인, 황인종 할 것 없이, 아니 여기선 인종의 개념이 없다. 그냥 얼굴 좀 까만 친구, 얼굴 좀 하얀 친구일 뿐이다. 인종과 종교가 다양한 편임에도 불구하고 모두가 한데 어울려 살아가고 있다. 키 코커에서 직접 살아본 결과 그들은 어울리는 척을 하는 게 아니라 진짜로 '함께' 잘 먹고 잘 살고 있었다. 끊임없는 분쟁과 전쟁이 일어나는 지구상에서 가능한 일일까, 천국이 아니고서야 이토록 평화로운 섬이 또 어디 있을까?

살면서 힘들고 지칠 때 언제든 도망칠 수 있는 가슴 속 도피처가 있다는 게 얼마나 멋진 일인가. 나는 입버릇처럼 T군에게 이야기하곤 한다.
"언젠가 삶이 너무 지치고 힘들어져 내가 훌쩍 사라지면 키 코커로 찾으러 와."
그 날엔 아마도 붉은 태양을 바라보며 세상 모든 근심 걱정을 내려놓고 게으른 도마뱀 바 앞에 앉아 한껏 뒹굴거리고 있지 않을까 싶다.

키 코커의 중앙대로, 라고 해봤자
자연 그대로의 흙길이 정겹다.

게으른 도마뱀 바 앞 해변가에 늘어진 사람들

카리브해를 누비는 15소년 표류기

BELIZE YACHT SAILING 벨리즈 요트 세일링

>

○

HE SAID

"여행은
여행 속에서조차 아름답다."

끝없이 이어진 푸른 수평선, 손 내밀면 닿을 듯한 하얀 뭉게구름, 어깨가 절로 들썩여지는 신나는 레게음악. 내리쬐는 햇살에 눈이 부셔 한 손으로 살포시 그 빛을 가리고, 다른 손엔 얼음이 들어간 후르츠 펀치.

"저기 좀 봐! 돌고래 가족이 우릴 뒤따르고 있어!"
정글북 속 늑대 소년 모글리를 닮은 닉이 날 부르며 외쳤다. 그가 가리킨 손가락 끝에는 우리가 탄 요트를 따라오는 돌고래 무리들이 푸른 파도를 가르며 뛰어오르고 있었다.

그렇다. 나는 지금 에메랄드빛 카리브해 위에 우뚝 서 있다. 불어오는 바람을 가르며 말이다. 영화 속 한 장면이냐고? 아니, 이것은 15명의 친구들과 함께한 나의 리얼 요트 투어 이야기.

키 코커라는 작은 섬을 배회하던 중 우리 눈에 작은 간판이 들어왔다. '2박 3일의 요트 투어 여행자를 모집합니다. 이번 연말에는 작은 섬에서 맞이하는 새해 인사를 경험하실 수 있습니다.' N양의 눈이 갑자기 커졌다.
"오빠, 우리 여행 가자."
"우리 지금 여행 중이잖아."
"아니, 요트 여행~! 여행 중에 떠나는 여행, 어때? 좋지?"
오호…! 바다 위를 가르는 요트를 타고 카리브해를 유유히 누비는 모습이라…. 생각할 게 무엇이 있나. 당연히 콜!

세일링을 떠나는 날 아침. 세계 각지에서 몰려든 15명의 여행자들

과 캡틴 케빈, 그리고 선원 둘. 우리들의 서먹서먹함은 라저 킹 호를 타기 직전 벗어던진 신발과 함께 한방에 사라졌다(요트 투어를 하는 동안 신발은 필요 없기 때문에 출발 전 신발을 모두 벗어 한곳에 모아놓는다). 신발과 함께 일상의 모습도 벗어던진 걸까? 모두들 소풍날 아침의 아이들처럼 설렘이 가득 담긴 표정으로 뱃머리, 갑판 위, 뱃꽁지 등 각자의 취향대로 원하는 곳에 자리를 잡았다. 두 눈을 떠도, 두 눈을 감아도 코끝을 스치는 바다 내음이 한가득 불어온다. 드디어 불어오는 바람을 타고 요트는 앞으로 나아가기 시작했다.

사실 라저 킹 호는 넓고 으리으리한 크루즈가 아니다. 선원과 승객 15명이 옹기종기 모여앉거나 누우면 꽉 차는 아담한 돛단배 같은 요트일 뿐이다. 그래서였을까? 한정된 공간 속에서 서로의 이름을 부르고, 많은 이야기를 나누다 보니 오랜 추억을 공유하고 있는 친구들처럼 가까워져 있었다. 바다 보기, 낮잠 자기, 점심 먹고 스노클링, 멍 때리며 낚시하기, 그리고 다시 바다 보기를 무한반복하기를 수차례. 어느새 첫날밤을 보낼 무인도에 다다랐다. 100m 달리기를 하면 끝나버릴 것 같은 크기의 섬. 야자수 한 그루만이 유일한 주민인 무인도는 만화책에서 꺼내온 듯한 너무나도 작고 귀여운 섬이었다. 샤워를 못한다는 말도 이 아담한 섬에서 머무르는 낭만에 비하면 일말의 성가심도 되지 않았다. 드넓은 바다 한가운데에 홀로 떠

있는 작은 섬, 그 섬을 지나가는 바람을 덮고 누워 달빛에 반짝이는 파도소리에 귀를 기울인다. 밤하늘에 새겨진 별처럼 또 하나의 추억이 그렇게 가슴속에 새겨졌다.

둘째 날 아침이 밝고 다시 떠날 채비를 하고 요트에 올랐다. 오늘의 내 자리는 배 꼭대기 갑판 위. 어제와 다름없이, 한결같이 잔잔한 바다는 어머니의 품처럼 포근하다. 그러다가 문득 '이 넓은 바다 한가운데 맨몸뚱이로 덜컥 빠졌으면 얼마나 무섭고 두려웠을까?' 싶은 생각이 들었다. 두 발 뻗고 앉을 수 있는 이 배 한 척이 뭐라고 바다가 이토록 아름답고 편하게 느껴질까? 레게음악 들으며 바다 보기, 갑판 위에서 낮잠 자기, 점심 먹고 스노클링, 또 누군가는 멍하니 낚시…. 어제와 다를 것 없는 오늘의 세일링이었지만 전혀 지루할 틈이 없다.

오늘의 무인도는 어제보단 조금 크지만 그래봤자 섬 한 바퀴를 다 둘러보는 데는 10분도 채 걸리지 않았다. 저녁에는 카리스마 넘치는 캡틴 케빈과 익살맞은 선원 셰인, 그리고 믿음직스러운 선원 칠로가 실력 발휘 제대로 해서 우리들의 만찬을 준비해주었다. 이름하야 '랍스터 파티!' 함부로 구경도 못 해본 랍스터가 테이블에 수북이 쌓여있다. 우리 모두의 배를 랍스터로만 채워도 모자라지 않을 만큼 어마어마한 양이라니. 그때 갑자기 "Happy New Year~~!" 선장 캡틴이 크게 외쳤다. 작디작은 섬의 밤하늘에 자그마한 폭죽이 그림을 그리기 시작하자 우리 모두는 서로를 얼싸안으며 서로의 새해를 축하해주었다. 모두 다같이 Happy New Year~!

내일이면 모두들 헤어져 각자의 일상으로 돌아갈 테지만 지금 이 순간 우리 15명은 마치 미지의 섬에 표류한《15소년 표류기》속 주인공이 된 듯 마지막 밤을 함께 즐겼다. 아름다운 밤이다. 아름다운 친구들과 함께하는, 아름다운 추억이 만들어지고 있는 그런 밤 말이다.

#

키 코커는 한적하고 조용해서 생각하기 좋은 섬이다.
생각 하나. 7년을 넘게 일하던 직장을 그만두고 집 팔고, 차 팔고, 배낭 하나 달랑 메고서 1년 동안 여행을 떠난다고 했더니 주변에서 미쳤냐며 극구 만류했다. 개중엔 대단하다 응원해주는 사람도 있었지만. 하지만 막상 떠나 보니 미친 것도 대단한 것도 아니었다. 세상 밖으로 나와 보니 우리 같은 여행자는 많고 많았다. 내 눈에 보이지 않는다고, 내 곁에서 못 만났다고 이 세상에 없는 건 아니었던 거다.
생각 둘. 어렸을 때부터 까만 피부 때문에 많은 놀림을 받았다. 무려 30년을 넘게. 하지만 유난히 검은 피부의 흑인들이 많은 이곳에선 거리를 걸을 때마다 "You are so beautiful! beautiful!"이라는 찬사를 들으며 절세미인으로 추앙 받는다. 섬에서 머무는 내내 날 졸졸 쫓아다니며 T군과 이혼하고 이곳에서 평생 함께 살자는 앞니 빠진 아저씨의 구애만 빼면, 키 코커는 내 세상 내 천국이다.

경찰서마저 밝고 화사한 노란색을 띠는 평화로운 마을, 키 코커

#

지금도 믿기지 않는다. 바다 깊은 곳에서 스쿠버다이빙을
하던 중 돌고래를 보았다. 천천히 우리에게 다가오던
돌고래와 눈이 마주친 순간(분명히 눈이 마주쳤다),
돌고래는 힘차게 수면 위로
솟구쳐 올라갔다. 너무나도
우아한 몸짓과 그 몸짓을 따라 나부끼던
수많은 물방울들…. 바다라는 거대한 수족관도
돌고래가 뛰어놀기에는 턱없이 작게
느껴지는 순간이었다. 그날 나는 오랜만에
일기를 썼다. 벅차오르는 감동을
남겨두기 위해서.

+
스쿠버다이빙을 배우고
나니 볼 수 있는 세상이
두 배로 넓어졌다.

M E X I C O

G U A T E M A L A

B E L I Z E

C U B A

E C U A D O R

P E R U

B O L I V I A

C H I L E

A R G E N T I N A

B R A Z I L

쿠 바

사람 울리고 웃기는 쿠바, 아바나에서

LA HABANA 아바나

○

SHE SAID

"홍미진진 쿠바 여행,
이번엔 또 무슨 사고가 터질까?"

>

작은 일 하나에도 긴장되고 스릴 넘치던 여행 초반의 낯선 경험들도 몇 번씩 반복하다 보면 슬슬 식상해진다. 처음 국경을 넘을 땐 혹시 무슨 문제가 생겨 출국 또는 입국 거부를 당하면 어쩌나 하고 심사대 앞에서 괜한 긴장을 하기도 했지만, 똑같은 형식의 출입국 카드를 여러 번 쓰다 보니 귀찮기만 할 뿐 별다른 감흥도, 긴장감도 사라진 지 오래다.

쿠바로 향하는 비행기 안, 입국 카드를 쓰기 위해 주머니에서 볼펜을 찾았으나 없었다. 마침 건너편 좌석에 잘생긴 청년이 앉아있기에 "Can I borrow your pen?"하고 물어보니 "Sure."하며 흔쾌히 펜을 빌려준다. "오빠, 오빠! 내 발음이 좀 좋아졌나봐. 외국인이 아주 잘 알아듣는데?"라며 우쭐해하고 있는데, 옆에 있던 잘 생긴 청년이 고개를 돌리고 묻는다. "한국 사람이세요?"

여행은 충분히 즐겁지만 한편으론 365일, 24시간 늘 붙어 지내는 우리이기에 새로운 친구가 필요하기도 했다. 마침 새로운 활력소가 필요할 즈음, 쿠바로 향하는 비행기 안에서 26세의 상큼한 비타민 같은 동생, 민식이를 만났다. 민식이는 혼자서 미국 서부 렌트카 여행을 마치고 쿠바로 건너오는 길이라 했다. 쿠바에 머무는 기간도 비슷하고 확정된 일정도 없다는 말에 함께 움직이기로 입을 맞추고 비행기에서 내려 수하물을 찾기 위해 기다리는데, 우리의 짐을 찾고 같은 비행기에 타고 있던 사람들이 모두 짐을 찾아간 후에도 민식이의 짐은 나오지 않고 있었다. 사무실로 찾아가 물어보니 실수로 짐을 싣지 않은 것 같다며 칸쿤에서 내일 출발하는 비행기가 이곳 아바나에 도착하면 짐을 찾을 수 있을 것이라 했다. 우리는 버스를 타고 16시간 거리에 있는 '산티아고 데 쿠바'로 곧장 이동하기로 한 일정을 미루고, 쿠바의 수도인 아바나부터 여행을 시작하기로 했다

(결론부터 말하자면 민식이의 짐은 결국 출국하는 날까지 찾지 못했다).

비행기에 들고 탔던 작은 배낭만 남은 채 빈털터리가 된 민식이와 함께 터덜터덜 공항을 나섰을 땐, 이미 쿠바의 붉은 국기 너머로 뉘엿뉘엿 해가 지고 있었다. 오늘 밤은 어디서 자야 하나 한숨을 쉬며 걱정하고 있으니 택시기사 아저씨가 자기가 아는 '빠르띠꿀라르'가 있다고 말을 건넨다.
"네."
일단 대납은 했지만 우리끼리 왈, "빠르띠꿀라르가 뭐야?"
의문은 곧 풀렸다. 공산주의 국가인 쿠바에서는 개인 소유로 호스텔을 운영할 수 없기 때문에 정부의 허가를 받은 가정집의 방 한 칸을 손님방으로 내어주는 방식으로 여행자들의 숙소를 해결하는데, 이를 '까사 빠르띠꿀라르Casa Particular'라 부른다 한다.

우리가 소개받은 빠르띠꿀라르는 올드 아바나가 한눈에 보이는 아파트 8층에 위치한 파피네 집. 젊은 시절엔 선원으로 일하며 동해안에도 가봤다는, 아버지 연세쯤 된 파피가 우리를 반갑게 맞이해주었다. 연노란색 벽지로 칠해진 파피네 방에서는 내 방에 있는 것 마냥 편안하고 익숙한 집 냄새가 났다. 쿠바에 도착하자마자 짐을 통째로 잃어버려 몸도 마음도 지친 민식이에게 그리고 오랜 여행으로 지친 우리에게 파피네 집은 '괜찮다, 괜찮다, 괜찮을 거다.'라며 위로를 건네는 듯했다.

다음 날 아침, 잃어버린 짐 생각은 잠시 접어두고 본격적으로 쿠바의 정취를 느끼러 일찍 집을 나섰다. 가장 먼저 눈에 띈 것은 쿠바의 명물인 올드카. 영화 속에서 튀어나온 듯한 색색의 캐딜락들이 옛 모습을 고스란히 간직하고 있는 낡은 건물들 사이를 누비고 다니는 모습은 이곳이 아니면 볼 수 없는 진풍경이다. 거기다 머리는 작고, 팔다리는 길쭉하게 쭉 뻗은 쿠바 사람들은 런웨이를 걷는 모델처럼 폼 나게 거리를 활보하고 있었다. 상상만으로는 도저히 만들어낼 수 없는 완벽한 쿠바의 모습이었다. 기대했던 것 이상으로 운치 있는 쿠바의 거리 풍경에 한참 도취되어 있을 때 누군가 말을 걸어왔다.
"쿠바에 온 지는 얼마나 됐니? 부에나 비스타 소셜 클럽이라고 들어봤지? 오늘 저기 옆에서 부에나 비스타 소셜 클럽 공연이 있는데 혹시 관심 있니?"
"오? 정말? 당연히 관심 있지."
"여기서 얼마 멀지 않아, 내가 데려다줄게."
"응, 좋아!"
지난 밤, 안 좋은 일 뒤 만난 파피의 친절함처럼 쿠바 사람들은 참

친절하구나 생각하면서 음악을 좋아하는 민식이와 나는 그를 따라 어느 바로 들어갔다.

"여기가 공연하는 곳이라고?"

"응, 조금 이따 바로 시작하니 데낄라나 마시면서 기다리고 있으면 돼. 여기 데낄라 한 잔!"

우리 대신 데낄라를 주문하는 남자. 바로 그때 민식이와 나의 뒤를 따라오던 T군이 우리의 목덜미를 잡고 바를 빠져나왔다. 후에 알게 된 일이지만 이는 부에나 비스타 소셜 클럽을 미끼로 관광객을 낚는 쿠바의 단골 사기 방식이었던 것이다. 1분만 더 있었더라도 데낄라가 나왔을 테고, 본래 가격의 몇 배나 되는 가격을 내라고 강요하는 게 그들의 수법이었다. 절묘한 타이밍에 T군의 구원으로 사기에 걸려들지 않았지만, 쿠바에 머무는 동안 "너희 쿠바에 온 지 얼마나 됐니?"로 시작하는 사기꾼들의 꼬임은 끊이지 않고 우릴 귀찮게 했다. 여기서 사기꾼들을 내쫓는 방법! "우리 여기 온 지 일주일도 넘었어."라고 대답하면 "아, 얘네는 한 번은 속았으려니."하고 군말 없이 물러난다.

아바나를 떠나기 전날 밤, 우리는 일몰을 보기 위해 말레꼰으로 나섰다. 8km에 걸친 긴 방파제를 따라 쿠바 시민과 관광객들이 삼삼오오 모여 여유로운 저녁을 즐기고 있었고, 우리도 사람들 틈에 끼어 붉은 아바나의 노을을 한참이나 멍하니 바라보았다. 아바나의 드넓은 앞바다(지중해)를 바라보며 말레꼰을 따라 걷다 보니 어느덧 두 시간째 이어진 달밤의 산책. 둘이 아닌 셋이서 오래간만에 왁자지껄 수다를 떨다 보니 시간가는 줄 모르고 하염없이 걸었나 보다. 둘이었다면 위험해서 못 했을 밤 나들이도 든든한 남자 둘과 함께하니 전혀 두렵지가 않았다.

다음 날도 결국 민식이의 짐은 찾지 못했다. 공항에선 잃어버린 짐 때문에 울었다가, 따뜻하게 맞이해준 파피 덕분에 웃었다가, 사기꾼 때문에 울 뻔하고…. 사람 마음을 들었다 놨다 요리조리 갖고 노는 쿠바. 낯선 여행지를 대하는 방식에 웬만큼 노련해졌다고 생각한 우리였지만 도통 종잡을 수 없는 쿠바의 환영 방식에 정신이 혼미해질 지경이었다. 이럴 때 둘만 있었다면 짜증 지수가 늘어 서로 다투었을 테지만, 짐을 잃어버리고도 허허 웃고 있는 민식이 덕분에 웃으며 쿠바를 바라볼 수 있었다.

우리는 이제 아바나에서 버스를 타고 16시간 떨어진 산티아고 데 쿠바로 간다. 산티아고 데 쿠바에선 과연 어떤 일이 생길까? 워낙 예측이 어려운 쿠바 여행이라 하루하루가 기대된다. 사실은 또 무슨 문제가 생기지 않을까 하는 걱정도 함께….

머리는 작고 팔다리는 길쭉한 모델 포스의 쿠바노

무엇을 걱정하세요, 카르페 디엠!

SANTIAGO DE CUBA 산티아고 데 쿠바

HE SAID

"모든 걸 가져야만
행복할 수 있다는 건 편견!
고정관념!"

쿠바를 여행하는 내내 풀리지 않는 수수께끼가 있었다. 쿠바인들의 삶을 대하는 태도 말이다. 그들에게선 일찍이 경험해보지 못했던 여유가 느껴졌다. 사실 쿠바는 여행자가 불편함을 느낄 만큼 시설이나 물질적인 면에서 부족한 나라다. 어찌 보면 그들의 삶도 경제적인 어려움으로 인해 고단할 수밖에 없을 텐데, 그들의 얼굴에는 항상 맑은 웃음이 담겨있다. 이방인들에게 환히 웃어주고, 순간순간을 스스럼없이 즐기는 듯한 쿠바인들. 어떻게 이게 가능한 걸까? 여행객들에게 보여주기 위한 퍼포먼스일까? 물질적 풍요가 행복의 척도라고 여겨왔던 자본주의 국가의 아들인 나는 그들의 표정과 행동들이 솔직히 믿기지 않았다.

아바나에서 버스로 16시간이나 떨어져 있는 산티아고 데 쿠바로 향한 건 순전히 N양과 민식이의 바람 때문이었다. 부에나 비스타 소셜 클럽에 대한 환상으로 쿠바를 찾은 N양과 민식이에게 옛 수도이자 쿠바 음악의 발상지인 산티아고 데 쿠바는 처음부터 최고의 여행지였으니까.

거리 이곳저곳에서 음악이 흘러나온다. 음악에 이끌려 거리로 쏟아져 나온 사람들은 저마다의 몸짓으로 흥을 한껏 표출하고 있다. 자신보다 덩치가 큰 북을 치는 아이의 얼굴에도 웃음이 한가득이다. 여행자에게 이보다 더 뜨거운 환영 인사가 있을까? 사람들 앞에 나서기를 주저하는 N양도, 섬세한 성격의 소유자인 민식이도 어느덧 그 무리에 섞여 함께 어깨를 들썩이며 거리를 거닐고 있었다. '꽌따나메~~~라~ 과히라 꽌따나메라~~' 익숙한 멜로디에 우리네 눈과 귀가 음악의 진원지를 찾아 나선 곳은 거리의 햇살을 온전히 받아들이는 오픈형 바. 작은 의자에 몸을 기댄 것은 당연한 수순이다.

옆 테이블에서 누군가 권한 시가와 테이블에 놓인 모히또 한 잔은 내가 꿈꿔오던 쿠바 여행의 그림을 완벽히 재현해냈다.

기타 연주자와 첼로 연주자 그리고 두 손으로 마라카스를 쉴 새 없이 흔들어대는 이들이 오늘의 세션. 작은 바를 가득 채운 연주에 다 함께 환호로 화답했다. 그 순간 여행객 중 한 명이 자신의 가방에서 바이올린을 꺼내들고 무대로 뛰어들었다. 그리고 연주자들과 여행객이 함께 즉석에서 음악을 만들어내기 시작했다. 기타가 먼저 음을 던지면 바이올린이 받아 연주하고 그 음악에 마라카스 연주자의 감성이 덧칠해졌다. 서로가 자신의 악기를 들고 대화를 나누었다. 연주자들과 여행객들이 만들어낸 거대한 그림에 가슴 한구석이 뜨겁게 달아올랐다. 주체할 수 없는 감정의 소용돌이가 너무 벅찼던 걸까? N양의 손을 잡아 테이블 사이의 비좁은 공간으로 이끌었다. 살사가 아닌들 어떠하리. 프로 춤꾼처럼 멋스럽지 않으면 어떠하리. 그저 지금 이 순간 내가 느끼는 감정을 표현할 수 있는 동작이면 충분하다. 세계 각지에서 몰려온 여행객들과 현지인들은 낯선 동양인들의 몸짓에 아낌없는 박수를 보낼 만큼 배려가 깊으니까. 덕분에 창피스러움을 잊은 채 몸이 이끄는 대로 감정이 이끄는 대로 발걸음을 옮기며 우리만의 율동을 만들어냈다.
한바탕 신나게 땀을 흘렸다. 시원한 바닷바람이 그리운 시간. 우리 모두는 카리브해의 아름다움을 배경으로 지어진 모로 요새로 향했다. 절벽에 가까스로 지어진 모로 요새는 오랜 세월의 흔적을 고스란히 담고 있었다. 그 시간만큼의 바닷바람과 햇볕으로 채색된 신비로운 요새는 어느새 황금빛 자태로 한없이 빛나기 시작했다. 우리는 누가 먼저랄 것도 없이 난간에 기대어 이 세상의 마지막을 맞이하듯 바다 저편으로 저물고 있는 태양을 바라보고 있었다. 가벼워진 바닷바람이 나에게 속삭였다. '무엇을 걱정하나요? 일어나세요. 그리고 나를 느껴보세요.' 몸을 일으켰다. 그리고 저무는 태양을 향해 손을 뻗었다. 지금 이 순간 우리 모두는 알고 있다. 이 세상 어느 누구보다 행복하다는 사실을.

세계여행을 떠나기 전에는 무언가를 가져야만 행복할 수 있다고 생각했다. 그래서 하나라도 더 가지려 했고, 다른 이들은 얼마만큼 가지고 있는지 궁금했다. 하지만 행복감으로 물들어있는 이 순간 내가 가진 것은 무엇인지? 오랜 여행으로 때가 묻은 커다란 배낭과 이 순간의 감동을 함께 나눌 수 있는 사랑하는 N양만이 있을 뿐이다. 여행 속에서 애써 배우려 하지 않아도 나도 모르게 가슴속에 남은 한 가지 이야기. 행복이라는 감정을 느끼기 위해서 많은 것이 필요한 것은 아니구나.

이제야 쿠바인들이 꾸밈없이 웃을 수 있었던 이유를 알 것 같다.

#

"잠시 검문이 있겠습니다."

군복을 입은 공항 직원이 위협적인 모습으로 우리 짐을 수색하기 시작했다.

그 옆에 선 군견 또한 킁킁거리며 배낭 구석구석 코를 박는다.

"네가 군견이라고?"

셰퍼드가 아니라 머리를 쓰다듬어주고 싶게 생긴 귀여운 네가 군견이라고?

"이 갈색 푸들이 마약 탐지견이에요?"

"우리는 마약 탐지견을 수입할 수 없어서 쿠바의 토종개들을 직접 훈련시킵니다. 이래 보여도 마약 탐지 능력은 탁월합니다!"

한국으로 돌아온 지 얼마 지나지 않아 쿠바와 미국 간의 국교가 정상화되어 수입 제한이 풀렸다는 뉴스를 들었다. 아바나 공항의 귀염둥이 마약견, 갈색 푸들은 지금도 그 자리를 지키고 있을까?

#

"에이, 저기 앉아서 다 봤어요. 관광객한테는 1,000원 받고, 주민한테는 50원 받는 거! 우리 어제도 와서 10컵이나 마셨다고요. 50원에 주세요. 뿌잉뿌잉~!"
T군, 이 생존력 강한 사람 같으니. 언제 또 그걸 보고 있었대? 아저씨는 뭐 이런 애들이 다 있나 눈을 흘겼지만 마지못해 "그래, 그래라!"라며 시원하게 사탕수수를 건네주었다. 그 후 사탕수수 즙을 100컵은 마신 듯….

+
밭에서 막 따온 사탕수수를 기계에 넣고 바로 즙으로 짜준다. 엄청 달달하고 맛있다.

#

"너희들 미국이랑 사이가 안 좋잖아. 그런데 어떻게?"
"그건 정치인들 이야기고. 우린 달러는 물론이고, 미국 문화 자체를 좋아해!"
성조기가 그려진 옷을 입고 거리를 활보하는 쿠바노들과 미국의 상징과도 같은 디즈니 인형들이 가득한 인테리어에 놀라 묻는 질문에 돌아온 대답이다. '미국 자본주의를 몰아낸 혁명의 나라, 진정한 공산국가!'라는 수식어로 쿠바를 이해해온 내게는 파격적인 답이었다. 문화는 정치보다 강하다! 어쩌면 10년 아니 5년만 지나도 우리의 머릿속에 있는 쿠바는 더 이상 존재하지 않는 역사 속 나라가 될지도 모르겠다.

+
쿠바로 들어가는 비행기 안에서 만난 민식이와 빠르띠꿀라르의 주인 처녀와 함께

오늘은 이 도시의 첫날이다.

새로운 곳으로 떠날 때마다 우리는 언제나 첫날을 맞이한다.

하루하루가 새롭고, 신선하고, 생생하다.

M E X I C O

G U A T E M A L A

B E L I Z E

C U B A

E C U A D O R

P E R U

B O L I V I A

C H I L E

A R G E N T I N A

B R A Z I L

에 콰 도 르

스릴 마니아들이여, 내게로 오라!

BAÑOS 바뇨스

○

HE SAID

"이상과
현실은 언제나 다르다."

나는 운동을 무척이나 싫어한다. 선을 그어놓고 그 안에서 끊임없이 왔다 갔다 하는 농구에 땀 흘리며 몰두하던 친구들이 당최 이해가 안 될 정도였으니 말 다한 거다. 운동은 그저 편한 자세로 누워 응원하는 게 제격이다. 그래도 레포츠는 두 손 들고 대환영. 스포츠를 통해 얻을 수 있는 쾌감을 땀 흘리는 노동 없이 느낄 수 있으니 말이다. N양도 스릴 마니아로는 둘째 가라면 서러워할 아이. 이런 우리가 레저의 천국으로 알려진 바뇨스를 알게 된 후에 할 일은? 무조건 Go Go Go!

깊고 깊은 안데스의 산골짜기에 자리 잡은 바뇨스는 그 산세의 험

준함만큼 강렬하고 짜릿한 레포츠를 즐기기에 안성맞춤인 마을이다. 원래 위험할수록 스릴은 더 배가되는 법이니까. '꺄아아악~!' 도착하자마자 저 멀리에서 함성이 들렸다. 아니, 비명 소리구나! 위태로울 만치 우뚝 솟은 산 사이로 거센 숨을 토해내듯 힘차게 흐르는 강물, 그 강물의 물살이 희미해 보일 만큼 높은 곳에 놓여진 다리 위에서 줄 하나에 매달려 뛰어내리는 번지 점프. 난간을 붙잡은 손에 어느새 땀이 진하게 뱄다. 항상 이 순간을 고대했는데 막상 뛰어내리려니 엄두가 안 났다.

"우린 지금 막 도착했으니 마음을 가다듬고 내일 다시 와서 하자."

N양은 무슨 소리냐며 지금 뛰자고 난리다.

"그래? 그럼 너 먼저 뛰면 나도 뛸게!"

우리의 N양은 겁도 없다. 순식간에 펄쩍 뛰고 돌아와서는 '미션 클리어'를 외치며 하이파이브…!

'아! 뛰고 싶지 않다. 근데 이젠 더 이상 도망갈 핑계도 사라졌네.'

난간 위로 올라서는데 다리는 왜 이리 후들거리는지…. 멋지게 '번지!'를 외치고 우아하게 뛰어내리는 상상 속의 내 모습은 머릿속에서 지워진 지 오래였다.

'앗! 나 알고 보니 고소공포증도 있는 것 같네. 왜 이 중요한 사실을 이제야 깨닫게 된 걸까?'

저 멀리서 N양이 손을 흔든다. 주저하는 내 모습에 짜증내는 교관의 목소리도 들린다. 눈을 질끈 감고, 몸을 던졌다.

"아아아~악!"

영원히 끝나지 않을 것 같았던 고통의 시간은 단발의 비명소리와 함께 멈추었다.

'휴, 끝났다. 어? 그런데 왜 발 한쪽이 시원하지?'

더 큰일이 일어났다. 오른쪽 운동화가 사라진 것이다. 아무래도 뛰어내릴 때 벗겨진 모양인데, 저 멀리 구경꾼들은 비웃느라 신이 났다. 왼발에 홀로 남겨진 운동화만큼이나 민망할 따름이다. 그래, 오늘은 첫날이니까 이럴 수도 있지. 내일부터는 멋지게 레포츠를 즐겨주마!

"자, 잠깐만! 여기서 뛰어내리라고? 이 절벽에서?"

"걱정하지 마. 우리가 너를 잡고 있으니까 일단 절벽에서 뛴 후에 천천히 내려줄게. 안전해. 안전하다고."

캐녀닝을 하자고 교관이 맨 처음으로 데려온 곳은 밑도 끝도 없는 최상위 난이도 코스였다. 함께 팀을 이룬 칠레에서 온 세 명의 소녀들도 서로 뒷걸음을 치며 수군대느라 정신없다. 다시금 내려다보아도 깎아지른 절벽 아래로 우렁찬 폭포수가 산산이 흩어져 떨어진다. 지금 내가 서 있는 곳은 세상의 끝에 다다른 것처럼 더 이상 앞으로 나아갈 곳이 없다.

"못해, 못해. 내가 너희들을 어떻게 믿어!"

그때 제일 뒤에 서 있던 N양이 우리 모두를 제치고 성큼성큼 다가섰다.
"비켜봐! 내가 먼저 뛸게."
"네가 아무리 강심장이라도 이건 못할…" 채 말도 끝나기도 전에 안전 로프를 허리에 묶는 N양, 조교의 카운트다운에 정확하고도 힘차게 발을 굴러 몸을 날리더니 이내 절벽 아래로 사라졌다. 안~ 돼~에! 이 먼 타국에 나 홀로 남겨두다니! 그 순간 절벽 밑에서 환호성이 들려왔다.
"이얏호! 오빠도 뛰어!"
오, 살아있구나. 고맙다. 몸을 던져 이 수직 하강 레펠과도 같은 캐녀닝이 안전하다는 것을 증명해줘서. 그럼 이제 나도 나서볼까.
"로프 확실히 잘 매어져 있지? 나 잘 잡아줄 수 있는 거지?"
교관에게 재차 확인을 받고 나서야 질끈 눈을 감고 허공으로 도약. 굽힌 무릎을 나름 힘차게 펴면서 몸을 한껏 날렸다. 그리고 정말 안전하게 서서히 절벽 아래로 하강했다. 칠레 소녀들은 단 한 명도 미션을 완수하지 못했다. 하하하, 그래도 난 해냈다. 모양새가 많이 구겨지기는 했지만.

이제는 래프팅으로 이동할 시간이다. 이번에야말로 상남자의 매력을 제대로 보여주겠다. 래프팅이라고 하면 이미 한탄강에서 잔뼈가 굵은 몸. N양아, 이번에야말로 보여주마. 네가 한평생 의지할 이

래프팅, 집라인, 자전거 타기, 캐녀닝 등
바뇨스에서 즐길 수 있는 레포츠들

남자의 숨겨둔 마초성을. 간단한 준비 운동 후 모두가 고무보트에 올라섰다.

"래프팅 해본 사람 있나요?"

교관의 물음에 손을 번쩍 들고 가장 중요한 자리인 앞자리를 배정받았다. 자, 팀원들이여! 모두들 나를 따르라. 부딪쳐라, 바뇨스의 급류야! 네가 아무리 험하다한들 한국 남자의 드높은 기상을 꺾지는 못하리라. 교관의 구령에 맞추어 일제히 노를 저어 앞으로 나아가기 시작했다. 그런데 무리 없이 흘러가던 물살이 어느 순간 갑자기 거세졌다. 한국에선 경험해보지 못한 격하게 요동치는 보트. 이내 엄청난 파도가 힘차게 몸을 일으키더니 순식간에 보트를 덮쳤다. 나도 모르게 눈을 감았다. 알 수 없는 현기증에 균형을 잃은 내 몸은 차가운 물속으로 내동댕이쳐졌다. 급류에 휘말린 몸은 나의 의지와 상관없이 물속으로 잠겼다가 수면 위로 오르기를 반복했다. 교관이 뻗은 손을 잡으려다 미끄러지더니 이번에는 보트 밑으로 몸이 기어들어간다. 결국 물 한 바가지를 먹고 나서야 겨우 교관의 손에 이끌려 보트 위로 돌아올 수 있었다.

"괜찮아?"

걱정스런 말투의 뒤편에서 이 남자 평생 믿고 살아도 되나 하고 바라보는 N양의 눈빛이 느껴진다. 아, 오늘따라 저 하늘이 유난히도, 정말 유난히도 우중충한 회색이구나.

인간과 동물의 경계가 사라지는 세계

GALAPAGOS 갈라파고스

○
HE SAID

"태초에 우리는 하나였다."

>

어릴 때부터 자연스럽게 진짜 나무와 진짜 풀들을 접하며 자란 시골 아이는 세상 사람들이 하는 말을 아무런 의심 없이 모두 사실이라고 믿어. 하지만, 모형 나무와 모형 풀들을 보고 자란 도시의 아이는 매번 다시 되묻곤 하지. "그 말 진짜에요?"

갈라파고스로 가는 우리의 길은 특히나 멀고도 험하고 복잡했다. 사실 거리야 키토에서 비행기만 타면 한번에 갈 수 있는 정도였지만, 비용이 문제였다. 갈라파고스 왕복 항공료와 환경보전금 명목으로 내야 하는 1인당 10만원 정도의 섬 입장료, 그리고 투어의 핵심이라 할 수 있는 요트 투어비를 합하니 가난한 배낭 여행자가 부담하기엔 감히 넘보지 못할 커다란 장벽과도 같은 금액이 나왔다. 일주일간 갈라파고스에 다녀올 비용이면, 여권에 웬만한 국가의 방문 도장도 찍을 수 있을 정도이니 고민이 되는 것도 무리가 아니었다. 아무리 큰마음 먹고 세계여행을 떠나왔다고 해도 그 큰 돈을 덜컥 내고 다녀올 만큼 배짱이 좋은 사람이 아니었기에 고민에 고민을 거듭하고 있던 그 순간, '전 갈라파고스에 가기 위해 세계여행을 시작했어요…'라는 호소력 짙은 눈망울로 나를 바라보고 있는 N양.
'그래, 사랑하는 이의 소원 정도는 들어줘야 되지 않겠는가?'

갈라파고스 제도는 여러 개의 섬으로 이뤄져 있는데, 각 섬마다 각기 다른 종의 동물들이 살고 있다고 했다. 그래서 다양한 동물 친구들을 만나려면 이 섬에서 저 섬으로 이동하기 위한 요트 투어가 필수인데, 이 비용이 만만치가 않다.
고민 끝에 포트폴리오를 담은 노트북을 들고 갈라파고스 투어를 운영하고 있는 요트 회사들을 방문하기 시작했다. 왜? 맨땅에 헤딩하듯 현지의 요트 회사들과 부딪친 요지는 간단했다.
"나는 한국의 프로페셔널 포토그래퍼다. 당신의 회사에서 운영하고 있는 갈라파고스 투어를 처음부터 끝까지 멋지게 사진으로 담아 주겠다. 그러니 요트에 두 자리만 만들어 달라."
이 밑도 끝도 없는 제안서를 들고서 만리타국의 요트 회사를 방문하며 시원하게 거절당하기를 수 차례. 지성이면 감천이라고 했던가? 다섯 번째 프레젠테이션을 시도한 회사에서 마침내 나의 제안을 받아들였다.

"여보! 와이프! 이것 보라고! 당신이 그토록 원하던 갈라파고스 요트투어 티켓 두 장을 구해왔다고!"
난 마치 레오나르도 디카프리오가 타이타닉 티켓을 거머쥐었을 때처럼 뛸 듯이 기뻐하며 호스텔로 달려와 오래간만에 N양 앞에서 한없이 멋지고 의기양양한 남편의 모습을 보여주었다. 바뇨스에서의 굴욕적인 남편 모습이 어서 깡그리 잊힐 수 있게.

우리가 '알키펠Alquipel'이란 이름의 요트를 만난 건 갈라파고스 제도에 들어선 다음 날이었다. 바다 위에 떠 있는 그 늠름한 모습과 수려하고 고급스러운 외양이 여행자의 가슴을 마구 흥분시켰다. 이곳에서 식사를 하고, 스노쿨링에 지친 몸을 달래기도 하고, 햇살 좋은 날에는 갑판 위에서 선탠이라는 호사도 누리고, 그렇게 놀다가 놀다 지쳐 잠자리에 들면 알키펠은 유유히 바다를 흐르며 다른 섬으

갈라파고스 투어의 보금자리가 되어준 우리의 알키펠 호

로 이동했다. 다음 날 잠에서 깨어 작은 창문의 커튼을 젖히면 어김없이 새로운 섬이 눈앞에 모습을 드러내니, 날마다 다른 아침 풍경을 선사해주는 매력덩어리가 아닐 수 없다.

섬 위에 올라선 이방인들을 먼저 반긴 건 물개 가족이다. 밀려오는 파도에 몸을 맡기고 이리저리 뒤척거리는 아기 물개의 한가로운 물놀이를 흐뭇하게 바라보는 엄마 물개. 평온한 물개 가족의 시간을 방해할까봐 조심스럽게 발걸음을 옮기는데 물개들은 신경도 쓰지 않는다. 그러고 보니 어제 본 육지 거북이들도 낯선 이들의 방문에는 아랑곳하지 않고 그저 자신의 식사에만 열중하지 않았는가. 조심조심 발걸음을 옮기는 우리들이 더 머쓱할 정도였다.

“오빠~ 저기 블루풋 부비!”
찾았다! 갈라파고스에서 가장 만나고 싶었던 새. 저 멀리 두 마리가 커다란 하늘색 발을 들고 엉거주춤 뒤뚱거리며 걷고 있는 게 보인다.
“저것은 부비댄스라는 거예요. 지금 수컷이 암컷에게 구애를 하고 있는 겁니다.”
그러고 보니 엉거주춤한 동작에는 일정한 패턴이 있었다. 파아란 양발을 한 번씩 들었다 놓으면서 커다란 날갯짓을 펄럭이고 그 뒤에 울음소리를 애절하게 한 번. 그리고 다시 발걸음, 날갯짓, 울음소

신비로운 푸른 발을 가진 블루풋 부비

갈라파고스의 동물들. 위는 사람들을 전혀 경계하지 않는 물개 가족 모습,
때로는 물개와 수영을 즐길 수도 있다. 아래는 구애 중인 블루풋 부비,
그리고 고질라같이 생겼지만 해조류가 주식인 마린 이구아나

리. 댄스라고 하기에는 엉성하기 짝이 없지만, 댄스라 부르고 사랑 고백이라고 이해하니 수줍은 소년의 마음과 같은 어색한 동작들이 오히려 아름답게 보였다. 수컷의 구애를 바라보며 갸웃거리던 암컷이 이내 부리를 마주친다. 다행이다. 그들의 사랑놀이가 이제 막 시작되려나 보다.

'쉿!' 한손가락을 치켜들어 조용히 입술에 댄 N양의 시선 끝에는 오렌지 빛깔로 채색된 이구아나가 서 있다. 고개를 들어 우리를 바라보는 당당한 자태에 이끌려 슬며시 카메라를 들었다. 카메라를 의식한 듯 살며시 포즈를 취하는 것만 같다. 덕분에 친구의 자연스런 모습을 담듯이 이구아나의 모습을 담을 수 있었다. 조용히 뒤돌아서 조심스럽게 걸음을 옮기는 그 순간, N양의 뒤로 믿지 못할 그림이 그려졌다. 부비새와 이구아나가 천천히 N양을 따라 걷는 게 아닌가? 마치 '피리 부는 사나이'를 따라나선 아이들처럼, 보이지 않는 미소를 머금은 듯한 표정을 안고 사람의 뒤를 따라 걷는 그들의 모습에 가슴 한구석이 뭉클해진다. 이렇게 함께 거닐 수가 있구나.

갈라파고스에서 가장 놀라웠던 모습은 다른 곳에서 볼 수 없다는 자이언트거북이나 펭귄들과의 조우가 아니었다. 그들과의 만남보다 우리를 더욱 놀라게 만든 것은 인간들을 보고 전혀 놀라지 않는 동물들의 반응이었다. 마치 오랫동안 알고 지내던 이를 대하듯, 또 하나의 거대한 친구들을 만난 듯 갈라파고스의 동물들은 우리들을 그렇게 거리낌 없이 반기었다. 카메라를 들이대도 날아가지 않는 새들, 물속에서 수영을 하면 어느새 다가와 함께 물장구를 치며 즐거워하는 물개들과의 물놀이는 갈라파고스에서만 가질 수 있는 특별한 경험이자 색다른 감정의 교류이다.

인간들을 바라보는 동물들의 눈동자 속에서 그 옛날 들었던 시골 아이의 이야기가 생각났다. 항상 좋은 모습의 인간들과 즐거운 추억을 만들었던 동물들은 그 어떤 사람들을 만나도 친구로 받아들인다. 공존이라는 이름으로 사람과 동물들이 함께 어우러져 오늘의 삶을 이어가고 있는 곳. 이곳이야말로 인간과 동물이 함께 만들어 온 지상낙원이다.

#

쿠바 여행을 마치고 예매해놓은 비행기를 타려고 하던 그때. 공항 직원은 우리의 출국을 허락하지 않았다. 출국을 하려면 쿠바로 돌아오는 비행기 티켓을 사야만 한다는 게 그들이 내민 최종 방법이었다. 쿠바로 돌아오는 비행기 티켓이라니 말이 되는 소린가? 공항 직원과 엄청난 실랑이를 벌이고 있는 동안 우리가 타야 할 비행기는 떠나버렸고, 어쩔 수 없이 필요도 없는 쿠바 귀국행 티켓을 구입하고서야 공항을 탈출할 수 있었다. 거금 150만 원을 주고! 에콰도르에 도착하면 곧바로 환불 받을 수 있다는 말을 철썩 같이 믿었지만 에콰도르에 도착한 우리에게 돌아온 대답은 환!불!불!가! 그야말로 '멘붕'이었다.
숙소에 짐을 풀자마자 밤거리로 나섰다. 하아, 150만원이면 우리의 두 달, 세 달치 생활비는 거뜬히 되는 돈이란 말이다. 하늘이 무너질 것 같았지만 허기진 배는 채워야 했고, 이 사태에 어떻게 대처해야 할지 정신을 차려야 했다. 우리는 으슥한 골목 한켠 우리네 국밥집 같은 허름한 식당에 자리를 잡고 1인분에 해당하는 음식만을 주문했다. 피 같은 여행 경비를 도둑맞다시피 했으니 식비부터 아껴야 했다. 아침부터 쫄쫄 굶은 우리들, 허겁지겁 퍼먹다 보니 어느새 대접 속 가득했던 국물이 바닥을 보이고 있었다.

"밥이 더 필요하지 않으세요?"

주인아주머니가 다가와 말을 건넸다.

"아, 아니에요. 오늘 가지고 나온 돈이 많지 않아요."

"돈은 안 받아도 돼요. 밥 조금 더 드릴게요. 반찬도 더 필요해 보이네요."

나도 모르게 눈물이 났다. 여행 최대의 사고로 인해 몸도 마음도 완전히 지치고 메마른 내 가슴에 따스한 온기가 피어났다. 덕택에 에콰도르의 키토는 우리에게 그 어디보다 따뜻하고 친절한 도시로 남게 되었다. 한 도시의 이미지를 결정하는 것은 한 사람의 따스한 미소, 그 미소 하나면 충분하다.

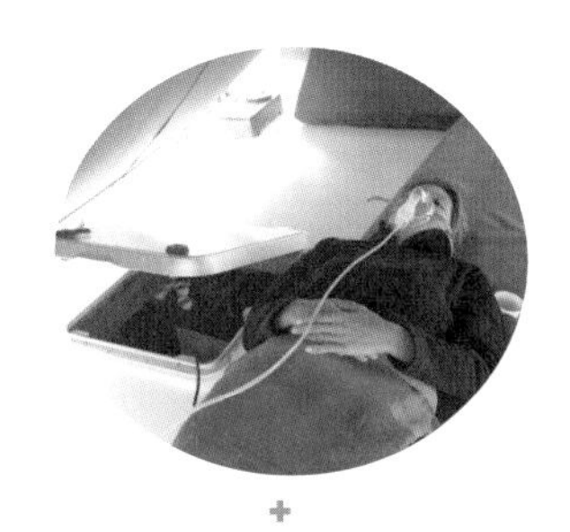

다 죽어가고 있는 N양

#

셋, 둘, 하나, 입수! 갈라파고스의 중급자 코스 스쿠버다이빙을 갔던 날이다. 어? 물이 예상보다 차고 깊었다.
조류가 세서 내 몸을 가눌 수가 없었다. 사람들은 저만치 나아가는데, 나만 어두운 나락으로 떨어지는 느낌이었다. "저기, 잠시만요. 귀가 터질 듯이 아프고, 숨쉬기도 힘든 것 같아요. 답답해서 수면 위로 올라가고 싶어요."라고 말하고 싶었지만, (내가 느끼기에) 사람들은 너무 멀리 있었고, 이대로 있다간 수 분 내로 죽을 것 같았다. 그러지 말았어야 한다는 걸 안다. 하지만 난 인스트럭터와 T군에게 신호도 주지 못한 채 수면 위로 올라와 버리고 말았다. 올라오기 전 3분 정도 멈춰야 한다는 걸 알고 있었지만, 그런 걸 생각할 겨를이 없었다. 한시라도 빨리 맑은 공기를 헉헉대며 마시고 싶다는 생각만이 간절했다.
그러나 수면 위로만 가면 살 수 있을 줄 알았던 내 예상은 빗나갔다. 망망대해 검은 바다 위에는 아무도, 아무것도 없었다. 몰아치는 파도와 싸우며, '이대로 죽는구나…. 아니지, 여기서 죽을 수는 없어.'라는 생각으로 정신을 바짝 차려야 했다. 죽을힘을 다해 파도와 사투를 벌이고 있을 때 등 뒤에서 사람들의 목소리가 들렸다. 난 기진맥진하여 큰 보트로 옮겨졌고 육지에 도착 후 병원에 들러 여러 가지 검사를 받고서야 몸에 큰 이상이 없다는 진단을 받을 수 있었다. 여행 중 속전속결로 딴 다이빙 실력이 들통 난 순간이었다.

#

여행 중 타국의 영화관에 가본 사람이 얼마나 될까? 에콰도르의
키토에서 오래간만에 데이트를 하기로 했다. 매일 붙어 다니는
우리지만 그것과는 별개의 문제다. 한껏 들떠서 가장 여행자스럽지
않은 원피스를 꺼내 입었지만 신발은 어쩔 수 없이 투박한 등산화.
드디어 자리에 앉고 영화가 시작하는데, 아, 영어 자막은 없고
스페인어 더빙이네! 무슨 내용인지 반도 못 알아듣고, 남들 다 웃는
데서 눈동자만 뱅글뱅글 돌렸지만 괜찮다. 마지막 대사는 확실히
알아들었으니까.
"나는 아이언맨이다."

M E X I C O

G U A T E M A L A

B E L I Z E

C U B A

E C U A D O R

P E R U

B O L I V I A

C H I L E

A R G E N T I N A

B R A Z I L

페 루

천국 구경을 위한 지옥 탐험기

HUARAZ, LAGUNA 69 와라즈, 69호수

○

HE SAID

"때론 아무런 기대를 하지 않을 때
더욱 큰 감동을 얻기 마련이야.
이름도 몰랐던 동시상영 영화 한 편처럼!"

"69호수는 왜 이름이 69호수예요?"
"와라즈에는 참 많은 호수가 있어요. 모든 호수에 이름을 붙일 수가 없어서 번호로 부른 거죠. 69번째 호수라는 뜻입니다."
참 멋도 없는 이름이다. 아무런 뜻도 없이 69번째 호수라니. 과테말라에서 만났던 민지의 강력 추천이 아니었다면 돌아섰을지도 모를, 아니 리마로 가는 길에서 많이 벗어난 곳이었다면 과감히 패스했을

지도 모를 딱 그 정도의 기대감이었다. 게다가 끝없는 트레킹이 끝난 후에 만날 수 있는 호수라니. 몸 움직이는 걸 유난히 싫어하는 게으른 성격 탓에 한국에서도 등산이라면 질색을 하던 나다.

가이드가 있는 투어와 운전기사만 있는 투어, 우리는 가격이 싼 운전기사만 있는 투어를 선택했다. 트레킹에 나설 일행을 태운 미니밴은 마을을 벗어나고 벌써 두 시간째 달리고 있다. 끝없이 산으로 들어가는 버스. 깊숙한 곳에 숨겨진 비경을 보여주려는 듯 버스는 달리고 또 달린다. 신비스러울 만큼 아름다운 호수와 한눈에 담을 수 없는 수직절벽도 무심히 지나쳤다. '이런 멋진 풍경을 뒤로하고 들어갈 만큼 괜찮은 거야? 69호수라는 곳이?' 존재하지 않았던 기대감이 슬며시 마음속을 채우기 시작했다. 우리들의 상기된 표정을 엿본 기사의 얼굴에는 자신감이 가득 찬 미소가 떠올랐다. 달뜬 얼굴로 크리스마스 선물을 기다리고 있는 아이를 바라보는 아빠의 여유로움이라고나 할까? 버스가 크게 한 번 쿨럭이더니 이내 엔진을 멈춘다. 69호수를 찾아 두리번거리는 일행에게 운전기사가 오늘의 이벤트를 선포했다.
"자, 여기까지가 차로 갈 수 있는 곳입니다. 이제부터 3시간 동안 걸어 올라가시면 69호수를 만날 수 있습니다."

이제 시작이다. 한가로이 풀을 뜯는 소들이 삼삼오오 자리를 차지한 초원지대가 먼저 모습을 드러내고, 길옆으로 조용한 개울물이 흐른다. 고행의 흔적이 보이지 않는 평온한 풍경에 마음이 놓였다.

천천히 가자. 이런 정도의 길이라면 굳이 서둘 필요는 없으니까. 오늘 산행의 동반자들은 차 안에서 작은 담소를 나누었던 두 명의 영국 처자, 그리고 언제나 내 옆을 지키는 N양이다. 개울 길을 따라

서로 사진을 찍어주면서 한껏 여유를 부린 탓일까? 앞서거니 뒤서거니 하던 다른 일행들이 어느새 시야에서 사라졌다. 게다가 개울을 따라 올라가라고 했던 운전기사 말과는 다르게 어째 길이 점점 험해진다. 등산로를 따라 가는 게 아니라 길을 만들어가는 느낌이다. 그러다 가파른 절벽이 눈앞에 나타났다. 아뿔싸! 이 길, 정상 루트가 아니구나! 산속에서 길을 잃은 것이다. 되돌아가자니 시간이 너무 지체될 것 같고, 앞으로 나아가자니 험난한 등반이 될 것 같다. 나의 선택을 기다리고 있는 세 명의 일행들.

"괜찮아. 괜찮아. 여기만 넘어서면 다시 평탄한 길이 나올 거야."

웃으면서 다독거려보지만, 솔직히 나도 내 말이 안 믿긴다. 하지만 선택은 이미 정해져 있었다. 돌아서는 건 곧 69호수를 포기한다는 말. 일단 앞으로 나아갈 수밖에.

서로 밀어주고 끌어주며 가까스로 절벽을 기어오르자 다행히 저 위에 정상적인 등산로가 보인다. 잠시 쉬어갈 겸 절벽 위 작은 바위에 대롱대롱 매달려 배낭에 꽂힌 물통을 쥐어들었는데, 이걸 그만 실수로 떨어뜨렸다. 근데 왜 소리가 안 들리지? 한참이 지난 후에야 바위에 부딪히는 물통. 아래를 보니 길이 아닌 곳으로 꽤나 높이 올라온 모양이다. 위험천만 아찔했던 순간이 지나고 먼저 갔던 일행을 따라잡은 것까지는 좋은데, 문제는 고산 지대에다가 예정에도

트레킹 초반 풍경, 후에 지옥의 맛을 경험하게 될 줄 몰랐다.

없던 암벽 등반 때문에 일찌감치 바닥을 보이는 체력. 언제나 나보다 앞선 체력으로 남자의 자존심을 뭉개버리던 N양도 지친 기색이 역력하다. 69호수는 보이지도 않는데 벌써부터 이러면 어쩌란 말인가.

69호수를 추천했던 민지의 말이 떠올랐다.
"정말 멋있어. 남미에서 으뜸가는 풍광 중에 하나야. 하지만 트레킹을 하는 동안에는 지옥을 맛보게 될 거야. 흐흐흐~!"
멋있다는 말에 홀려 듣고 싶은 말만 기억하고 있었다. 영국 처자들이 코카잎을 건네준다. 고산병 때문에 지친 거라고, 이거라도 씹으면 힘이 좀 날 거라고. 코카잎 때문인지 친구들의 우정 덕분인지 다시금 걸어갈 힘이 나는 것 같다. 서로를 다독이며, 시시각각 변화하는 자연의 다채로움을 만끽하며 걷다 보니 마지막 관문과도 같은 엄청난 오르막길이 나타났다. 사정없이 가파른 경사는 지친 여행자라고 봐주는 법이 없다. 한걸음을 내딛고, 한숨을 몰아쉬기를 수차례. '69호수고 뭐고 다 포기하고 내려갈까?'라는 말이 입안에서 맴돌기를 수십 차례. 남은 한 방울의 힘마저 쥐어짜려고 이를 악물어도 입만 아플 뿐 발걸음은 옮겨지지 않는다. 극심한 피로감으로 머릿속은 새하얗게 비어가고, 텅텅 비어있는 작은 배낭은 돌덩이처럼 나를 짓누른다. 진심으로 죽을 것 같다. 너무너무너무너무 힘들다. 작은 숨조차 내쉬기 버거워 침이 턱을 타고 내려와 턱 끝에 고일 때쯤 급기야 나는 네 발로 기어가기 시작했다.

기억에 없는 한참 동안의 시간이 흘렀다. 정신을 차렸을 때에는 연한 민트 빛 호수, 69호수가 발아래에 펼쳐져 있었고, 내 눈가에는 눈물이 흘러내리고 있었다. 산속 깊숙한 곳에 숨겨진 호수의 비현실적인 절경에 감동을 받아서인지, 죽기 직전까지 나를 몰아세웠던 산행 때문이었는지, 아니면 그 모든 것이 뒤섞인 형언할 수 없는 감정 때문이었는지 모르겠지만, 분명하게 기억나는 건 소리까지 내면서 엉엉 울었다는 사실이다.

P.S 고백하건대, 올라가면서 얼마나 민지를 욕했는지 모른다. 미안하다. 민지야….

남들 다 가는 곳에서 남과 다른 1% 찾기

MACHU PICCHU 마추픽추

○

SHE SAID

"1%의 어떤 것."

>

우리 부부는 '남들 다 하니까'라든지 '다들 그렇게 사는 거야'와 같은 말에 굉장히 민감하게 반응한다. 주류 문화에 반항하고 비주류 문화를 옹호하는 게 닮아있다. 음악을 들어도 타이틀곡보다는 잘 알려지지 않은 곡이나 히든 트랙을 좋아하고, 영화도 어디서 듣도 보도 못한 걸 찾아내어 최고의 영화로 손꼽곤 한다.

남미 여행자에게는 숙제와도 같은 미스터리한 불가사의 유적지, 마추픽추. 대단한 곳임은 익히 알지만 모두가 추앙하는, 남들 다 가는 곳이라는 반항심에 크게 기대를 하지 않기로 마음먹었다. 그래서 크게 고민하지 않고 마추픽추로 가는 가장 흔한 방법을 택했다. 쿠스코에서 버스를 타고 반나절의 산길 지나기. 기차를 타고 아구아깔리엔떼스 마을에 도착하기. 이튿날 새벽, 마을 어귀에서 유적지 바로 앞까지 가는 셔틀버스 타기.

그렇게 힘들이지 않고 마추픽추에 도착한 순간 난 두 가지를 후회했다. 하나는 역시 전 세계의 사람들이 입을 모아 칭찬하는 데는 그럴 만한 이유가 있다는 거. 마추픽추는 충분히 놀랍고 멋졌다. 험한 산세 속에 숨겨진 공중 정원의 아름다움에 숨이 막힐 정도였다. 기대되는 마음을 일부러 억눌러 기대하지 않기로 마음먹었다니 이 얼마나 어리석은 행동인지…. 남들 다 한다는 거, 다들 그렇게 한다는 게 나쁜 건 아닌데 쓸 데 없는 반항심으로 소중한 것, 대단한 것을 그냥 지나칠 뻔한 내 자신이 부끄러워졌다.

다음은 이 멋진 곳을 그저 이렇게 쉽게 앉아 감상하고 떠나야 한다는 후회였다. 사실 마추픽추는 옛 잉카인들이 몇 날 며칠을 걸어 식민 지배자들의 눈을 피해 드나들던 곳이다. 지금도 옛 방법대로 트레킹을 통해 마추픽추에 갈 수 있는 방법이 있지만, 그 어려움과 힘듦에 대해 소문으로 들어 알고 있던 우린 그 방법을 아예 배제했었다. 그런데 이제 와서 후회가 된 것이다. 갖은 고생을 겪은 후 산굽이를 돌아 이 광경을 보았다면 더 잊지 못할 감동의 풍경, 감동의 장소가 되었을 텐데…. 남들과 똑같이 살지 않겠다고 외치더니 결국 가장 흔한 방법으로 이곳에 온 게 후회되었다.

살아보니 부모님이 늘 말씀하시던 '평범하게 사는 게 가장 어려운 일'이란 말의 뜻을 알 것 같다. 혹자는 이렇게 얘기한다. 글 쓰는 직업과 사진 찍는 직업을 가진 너희는 여건이 되니까 세계여행도 다녀오고, 프리랜서의 삶을 살 수 있는 거라고. 일반 사람들은 어림도 없는 거라고. 틀린 말은 아니다. 하지만 나 같은 경우엔 원래 하던 웹 기획을 하면 글 쓰는 일의 몇 배의 돈을 벌 수 있음에도, 새로운 출발점에서 다시 시작하는 삶을 선택했다. 힘든 결정이었지만 서른이 넘어 다시 공부하고 열심히 노력하고 있다. 언젠가는 가혹한 현실의 벽에 부딪쳐 세상과 타협하고, "역시 안 되는 건 안 되는 건가 봐.", "힘들어서 포기해야겠어."라는 생각이 들 수도 있겠지만, 그래도 아직은 우리만의 개성 있는 인생 이야기를 써내려가기 위해 끊임없이 노력하고 있다.

남들 사는 것처럼 평범한 삶에서 남들과 다른 1%를 만드는 것. 그게 내가 살고 싶은 삶이라는 걸 마추픽추에서 배웠다.

136

#

"이거 가짜야. 가짜 돈이라고."

버스표를 사기 위해 호기롭게 내놓은 50솔짜리 지폐(약 2만 원)를 받아든 역무원이 외쳤다. 그가 알려주는 위조지폐 판별법에 따라 햇빛에 비춰보니 봉황이 있어야 할 자리에 봉황처럼 보이고 싶어 하는 우스꽝스러운 닭의 형상이 나타났다. 아무런 지식이 없는 내가 봐도 인정할 수밖에 없는 위조지폐다. 여행할 때마다 환전은 큰 고민 중에 하나였다. 국경 근처 브로커들에게 환전하는 건 언제나 시중 은행보다 환율이 좋지만 그만큼 위험 부담이 크기 때문이다. 여행 초반에 이런 일을 당했다면 꽤 오랫동안 기분이 안 좋았을 테지만, 이 경험도 여행의 일부분이 아닌가. 2만 원보다 더욱 중요한 건 우리의 기분과 그 기분으로 지속될 하루라는, 나름의 지혜를 터득한 여행 고수답게 헛웃음 한 번으로 쿨하게 넘겼다. 앞으로 더 조심하면 그만이다.

#

벌에 쏘인 T군의 다리가 퉁퉁 부어서 약국에 갔다.

"어떻게 오셨나요?"

"스페인어로 벌이 뭐지? 쏘이다가 뭐지?"

T군이 당황하여 얼어붙었다.

"저리 비켜 봐!"

배낭에서 종이와 펜을 꺼내 얼른 벌을 그려 찢은 뒤,
허공에서 뱅글뱅글 종이를 돌려 T군의 허벅지에
픽 꽂았다. 미소 짓는 약국 아저씨. 이것이야말로
바디랭귀지의 결정판!

#

여행하는 동안 수십 차례 옮겨 다닌 우리 집(=호스텔). 집이 만족스러우면 그 도시는 좋은 기억으로 남는다. 여행 중 한인 민박은 일부러 피해 다니다시피 했지만 페루 리마에서만큼은 포비네 집에서 머문 덕분에 제대로 원기 충전을 할 수 있었다. 볼리비아 비자 문제로 골머리를 앓고 있을 때 발 벗고 도와준 포비네 집 사장님과 집 떠난 지 몇 달 만에 먹어보는 김치, 마지막으로 숙소 앞 탁 트인 바다 풍경까지. 잊지 못할 우리 집, 돌아가고 싶은 그곳.

#

길어버린 머리카락 때문에 페루 미용실에 다녀왔다. 신중하게 고르고 또 골라 들어간 미용실. 인터넷에서 앞, 뒤, 옆 각도별로 캡처한 가인의 단발머리 사진을 보여주며 손짓 발짓으로 열심히 설명했다.

"앞머리는 요 정도, 뒷머리는 목선에 닿도록 세련된 층이 나게 잘라주세요."

"OK, OK!"

헤어 디자이너의 자신감 있는 오케이 사인에 마음이 놓였고, 잠시 후 의기양양한 표정으로 거울을 내미는 그녀.

"이게 뭐예요? 이건 그냥 귀밑 1cm 일자 단발머리잖아요? 이건 중학생도 안 하는 머리라고요!"라는 말은 울상이 된 내 입속에서만 맴돌았다. 에휴, 이미 잘린 머리카락을 어쩌겠는가? 여행 중이 아니었다면 용서할 수 없는 못난이 단발머리도 이젠 그리운 추억.

짝사랑하던 상대에게 고백하지 못했던 일.

과제 때문에 함께하지 못했던 엠티.

내일의 보장되지 않은 행복 때문에 포기했던 수많은 오늘의 행복들.

얼마 되지 않은 인생길에서 깨달은 것 중에 하나는

무언가를 한 것에 대한 후회보다는 무언가를 하지 않은 것에 대한 후회가

더 많고 깊다는 사실이다.

그래서 했다. 세계여행…

M E X I C O

G U A T E M A L A

B E L I Z E

C U B A

E C U A D O R

P E R U

B O L I V I A

C H I L E

A R G E N T I N A

B R A Z I L

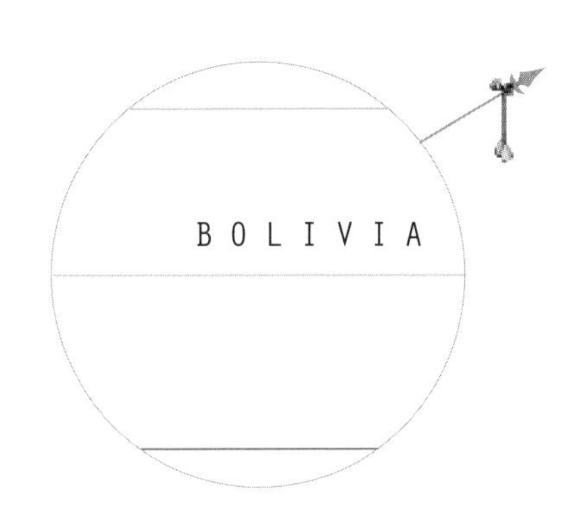

볼 리 비 아

대체 불가능한 최고의 여행

UYUNI 우유니, 그 여자의 이야기

○

SHE SAID

"좋은 사람들과 함께 한
인생 최고의 순간,
다시 돌아갈 수 없는 소중한 시간."

>

세계 최고의 여행지라는 명칭에 어울리지 않게 가난하고 쥐뿔도 없어 보이는 우유니 마을. 이곳에서 가장 시끄럽고 북적대는 곳은 중앙 거리의 여행사 앞이다. 우유니의 소금 사막은 현지 여행사를 통하지 않으면 여행 자체가 불가능하다. 물 차오른 울퉁불퉁한 소금 결정체 위를 달려야 하기 때문에 커다란 바퀴의 지프차를 타야 하기도 했고, 지표 하나 없는 새하얀 사막에서 길을 잃지 않기 위한 이유도 있다. 사막에서 길을 잃고 5일 만에 극적으로 구조됐다는 소문, 혹은 아예 행방불명 됐다는 소문도 파다하다. 한두 평 남짓한 허름한 여행사 몇 개가 이 마을을 다 먹여 살린다 해도 과언이 아니다.

우리 지프차의 구성원은 T군, 나, 종석 오빠, 보라, 스테파니. 보라는 나뭇잎 굴러가는 것만 봐도 깔깔거리는 풋풋한 한국 대학생, 스테파니는 나뭇잎 굴러가는 것만 봐도 깔깔거리는 풋풋한 페루 대학생이다. 한국에서 3년 넘게 살았다는 스테파니의 한국어 실력은 가히 수준급이라 우리는 당연한 듯 한국어로 대화를 했다. 그리고 출발 전 날까지도 회사에서 야근을 했다던 종석 오빠. 같은 직장에서 10년 간 근속 후 45일의 휴가를 받아 남미로 날아왔다고 했다. 한국에서부터 메고 온 비상 라면 3개 중 2개를 우리에게 기꺼이 건넬 줄 아는 따뜻한 사람. 45일 뒤엔 언제 꿈같은 여행을 다녀왔냐는 듯 책상 앞에 앉아있어야 하는 사람. 그래서 일상을 탈출한 지금 이 순간 순간을 단 일 분도 놓치고 싶지 않은 사람.

사실 오래 여행 했다고 해서 1년 365일 행복하고 좋은 날만 있는 건 아니다. 떠나기 전보다 스트레스가 적고 즐거운 날들이 많아진 건 사실이지만, 여행 자체에 익숙해지면 좋은 걸 봐도 큰 감동이나 감흥을 못 느끼거나 "뭐, 괜찮네!" 쯤에서 그치는 경우도 허다했다.

하지만 10년간 묵혀두었던 종석 오빠의 절실한 감성에 두 소녀의 피 끓는 젊음이 더해지고 나니, 나도 어느새 덩달아 감정의 최고치를 표현하며 여행을 즐기고 있었다.

그렇게 우리는 우유니를 만났다. 우유니를 소개할 때면 꼭 따라 붙는 수식어가 있다. 바로 '천국'이라는 말. 식상하다고 생각했는데, 정작 나 역시 그 말을 쓰지 않고는 도저히 이 풍경과 감동을 설명할 수가 없다. 천국? 가 보진 않았지만 딱 이렇게 생겼을 거라는 걸 느낌으로 알 수 있었다.

북받쳐 오르는 감정을 주체하지 못 하고 눈물 뚝뚝 흘리는 남자. 김연아가 피겨스케이트를 타듯 거대한 거울 위를 활보하는 두 소녀. 쉴 새 없이 셔터를 누르는 남자. 자연의 거대함에 입을 다물 줄 모르는 한 여자. 우리는 누가 더 이 감정을 잘 표현하나 내기라도 하는 듯, 앞 다투어 행복하고 즐거운 마음을 한껏 표출했다. 좋은 걸 좋다고 표현할 줄 아는 사람들과 함께하니, 감동이 자꾸자꾸 부풀어 올랐다.

명실상부, 열이면 아홉은 최고의 여행지로 꼽는다는 우유니 소금사막. 그곳은 나에게도 베스트 인생 여행지로 자리매김하게 되었다. 풍경, 날씨, 함께한 사람들…, 그 모든 타이밍이 완벽했기에 다시 돌아간대도 그 날을 대체할 수가 없을 것 같다.

왼쪽부터 코헤이, 종석, 보라, 코헤이의 친구, T군, 스테파니, N양
(우리 일행 외 일본인 친구 2명도 함께였다)

두 개의 태양과 두 개의 달

UYUNI 우유니, 그 남자의 이야기

HE SAID

"우리가 본 것은
진정 천국이었을까요?"

사는 게 지쳐 숨조차 쉬지 못하고 허우적거리던 젊은 날, 내 책상 끄트머리엔 천국의 풍경을 찍은 사진 한 장이 붙어있었다.

하얀 구름 빛과 옅은 하늘 빛만으로 이루어진 신비로운 사진 속 공간엔 기분 좋은 햇살이 쉴 새 없이 반짝이고 있다. 공간 속에 자연스레 묻힌 사람들의 입가엔 해맑은 미소가 가득하고, 사진 한 켠 삼삼오오 둘러앉은 이들의 몸짓에서는 낭만과 여유로움이 뚝뚝 묻어난다. 누군가는 온몸을 부드럽게 감싸 안는 구름 의자에 몸을 뉘인 채 멍하니 파란 하늘을 바라보고, 누군가는 천국의 탈 것 위에서 희망의 꿈을 꾸고 있다. 소중하게 간직해온 책상 위, 사진 속 천국의 모습이다. 현실에서는 도저히 존재하지 않을 것 같은 그 풍경에 매료되어 한 번 보고, 두 번 보고…. 그렇게 매번 책상 위 사진을 볼 때마다 난 어마무시한 꿈을 키워 왔다. 죽기 전에 반드시 우유니 소금 사막을 밟아보겠다는 꿈 혹은 각오. 그리고 지금 이 순간 10년이 훨씬 넘도록 남몰래 마음속에만 품어온 꿈의 성지, 꿈의 우유니 소금 사막이 저기서 나를 기다리고 있는 것이다.

사진 속으로만 보았던 미지의 공간으로 다가서는 내 심장은 설렘과 불안이 뒤섞여 터질 듯 두근거렸다. 때는 3월 말, 우기의 끝 시즌이라 어쩌면 내가 그리던 천국의 모습을 못 볼지도 모른다는 불안감 때문이었다. 그러거나 말거나 우리 일행을 태운 지프는 호기롭게 소금 사막 한가운데를 향해 달리고 달렸다. 얼마나 지났을까? 온통 새하얀 마른 소금에 공간감도 시간감도 없어질 때쯤, 일행 모두가 환호성을 질렀다. 꿈에 그리던 천국의 모습이 눈앞에 펼쳐졌고, 지프는 천국에 다 왔다는 표식으로 커다란 원을 그리며 신나게 뱅뱅 돌았다.

하늘과 땅이 맞닿은 곳. 하늘 위에 떠 있는 모든 것을 데칼코마니처럼 바닥에 그려내는 마술. 온 세상이 하얀 구름과 하얀 소금, 그리고 파란 하늘로만 이루어졌다면 믿을 수 있겠는가? 직접 보고 있어도 믿을 수 없는 풍경, 그 지역의 이름은 천국이다. 천국의 땅에 발을 내딛자 발아래에서 잔잔한 물결이 일렁인다. 손을 뻗으면 잡힐 듯한 지평선, 아니 수평선인가? 저 멀리 종종걸음으로 달려가던 N양도 소리쳤다.

"우린 지금 천국을 걷고 있어!"

빛과 소금이 만들어낸 이 미친 대자연 속에서 나 또한 미친 듯이 카메라 셔터를 누르고 또 눌러보지만, 아무리 찍어도 벅차오르는 이 감정이 사진 속에 담기질 않는다. 카메라와 씨름을 하는 사이, 하늘 위 태양과 땅 아래의 태양이 시나브로 거리를 좁히고 있었다. 해가 지기 시작한 것이다. 두 개의 태양이 하나로 합쳐지면서 세상을 온통 붉게 물들였다. 세상 어디에서도 볼 수 없는 독특한 일몰이 눈앞에서 시작됐다. 단언컨대 우유니의 일몰은 오로지 붉은 태양 빛과 그 붉은 빛을 완벽히 재현해내는 커다란 거울로 인해 가장 순수하면서도 가장 강렬한 노을이라 할 수 있다. 세상의 거대한 문이 닫히고 있다. 마치 거대한 거인의 입속에서 바라보는 세상의 마지막 모습처럼 그렇게 세상은 빛을 잃어갔다. 그리고 잠시 후 어둠이 집어

삼킨 세상 너머 어슴푸레 떠오르는 두 개의 달로 인해 또 다른 세상, 또 다른 천국이 나타났다.

해가 진 후에도 진한 감동에서 벗어나지 못한 채 숙소로 돌아온 우리는 쉬이 가시지 않는 흥분에 좀처럼 잠을 이룰 수 없었다. 어느덧 시계는 새벽 3시를 가리켰고, 그 즈음 지난밤 우리를 숙소로 데려다 주었던 가이드가 다시 돌아왔다. 더 놀라운 광경이 기다리고 있으니 지금 출발해야 한단다. 이보다 더 놀라운 광경이 있다고? 새벽 3시에? 그는 어둠 속에서 지프를 몰기 시작했다. 아무런 표지판이 없는 소금 사막에서 물 찬 우유니를 향해 거침없이 달려가던 한낮의 재주도 신기했지만, 아무것도 보이지 않는 어둠 속에서 방향을 딱 잡고 차를 모는 건 더욱 신기한 재주였다. 어떻게 길을 찾느냐는 물음에 낮에는 아주 멀리 보이는 (내 눈에는 보이지도 않는) 산을 지표로 삼고, 밤에는 하늘의 별을 따라 간다 했다. 영화 속에서나 나올 법한 방법, 별을 따라 가다니!

그 밤, 그 새벽은 낮의 우유니와는 전혀 다른 매력이 넘쳤다. 낮에 본 우유니가 보고 있어도 믿을 수 없는 경이로움이었다면, 밤의 우유니는 넋을 놓고 바라보게 되는 아름다움에 있었다. 물 맑은 소금 호수 위에 떠 있는 은하수는 평상시 상상할 수 있는 개수의 별을 넘

어서 있었다. 어느 누가 머리 위에서 쏟아져 발아래까지 반짝이는 별들을 상상할 수 있겠는가? 어느 누가 까만 눈동자 속을 흘러가는 은하수를 상상할 수 있겠는가? 그러고 보니 태어나서 어제까지 본 별을 합친 것보다 지금 이 순간 떠 있는 별이 더 많은 것 같다는 생각도 들었다.

'밤'이라는 고정관념에 사로잡혀 칠흑처럼 어둡다고 생각했던 주변은 사실 하나도 어둡지가 않았다. 하늘에 뜬 수많은 별들은 내가 나아가야 할 방향을 환하고 정확하게 알려주었다. 그리고 그제야 영화 속에서나 가능할 것 같았던 별을 따라 가는 여행이 무엇인지 알 수 있었다.

어느덧 우리는 둘 다 서른을 훌쩍 넘겼다. 하고 싶은 일보다 해야 할 일이 많아졌고, 웬만한 일에는 무심하고 무뎌졌으며, 살면서 부딪쳤던 크고 작은 시련에 다쳐볼 만큼 다쳤다. 그렇게 세상과 맞짱 정도는 뜰 수 있을 만큼 크고 단단한 동그라미가 된 줄 알았다. 어른이 다 된 줄 알았다. 어느 날, 덜컥 만난 거대한 자연 앞에서 나는 그저 아직 '작은 점 하나'도 채 되지 않았음을 알기 전까지.

#

수크레의 한가로운 아침을 풍요롭게 만들어주는 게 있다. 식사 후에 마시는 유기농 딸기 셰이크. 시장 구석에 자리 잡은 난전에서 층층이 쌓아놓은 과일을 직접 갈아준다. 완전 건강해 보이는 딸기바나나 셰이크가 단돈 500원. 신선한 과즙이 담겨서 그런지 달짝지근한 게 여간 맛있는 게 아니다. 가난한 여행객에게도 부담스럽지 않은 사치를 선사해주니, 사랑하지 않을 수가 없다.

음? 그런데 어째 오늘은 맛이 좀 밍밍하다? 신선하지 않은 과일을 썼나?

"이거 왜 이래? 어제와 맛이 다르잖아!"

"앗! 미안 미안."

잔을 가져간 아주머니가 한 스푼, 두 스푼 설탕을 가득 담아 도로 잔을 내어준다. 어랏? 매일 아침 먹던 바로 그 맛이다. 그동안 난 뭘 마신 거지?

#

T군이 아프다. 감기 몸살인 줄 알았더니 고산병인 듯하다.
약을 먹고 다시 잠이 든 T군을 남겨두고 호스텔을 나섰다. 오늘은 남미에서 가장 큰 호수, 티티카카의 아름다움을 가장 잘 볼 수 있다는 '태양의 섬'으로 간다. 나 혼자서. 흘러가는 하얀 구름과 고산의 새파란 하늘 아래 드넓은 호수가 아름다워 해가 진 후에야 호스텔로 돌아왔다. 하루 종일 혼자 지냈을 T군이 안쓰러워 고개를 빼꼼 내밀며 호스텔 방문을 열었다.
"잘 다녀왔어? TV에서 내가 좋아하는 미드를 연속으로 방영해줘서 하루 종일 푹 잘 쉬었네, 히히!"
우리가 싸우지 않고 여행을 마칠 수 있었던 이유는 '함께 또 각자'에 있다. 부부라는 이름으로 모든 걸 함께해야 한다는 건 욕심이고, 강요라는 걸 우리는 알고 있으니까.

#

루트가 조금 꼬여서 한 달여 남은 마지막 남미 일정은 다른
여행자들이 잘 다니지 않는 길로 이동해야만 했다. 브라질에서
아순시온(파라과이)을 거쳐 볼리비아 수크레로 이어지는 동선.
처음 브라질에서 아순시온까지 27시간 버스 타기는 괜찮았다.
아순시온에서 8시간 대기 후 수크레 근처 마을인 카미리까지 15시간
버스 타기도 그런대로 견딜 만했다.

문제는 여기서부터. 12시간이면 간다던 '카미리-수크레'는 15시간
30분 만에 끝이 났다. '도착했다'는 말보다 '끝났다'는 말이, 그리고
그것보단 '견뎠다'는 말이 더 어울리는 구간이었다. 가드레일이
뭐야, 차 한 대 지나다니기도 힘든 천길 낭떠러지 비포장 산악길의
첫 고개를 넘을 땐 그러려니 했다. 이 산만 넘으면 괜찮겠지. 두
번째 고개를 넘으며 내 정수리가 버스 천장에 몇 번을 부딪칠
뻔 했으면서도 이 고개만 넘으면 괜찮겠지 싶었다. 세 번째 산을
넘으면서 드디어 깨달았다. 아! 이렇게 울퉁불퉁 끝까지 가겠구나!
그러나 진짜 문제는 목숨을 건 비포장 산악로가 아니었다. 에어컨도
히터도 안 되는 낡은 버스 안의 밤은 너무나도 추웠다. 그동안 쌓인
여행 노하우로 침낭을 준비했기에 망정이지, 얼어 죽기 일보 직전
뼛속까지 시리고 시렸다. 낮 2시에 출발한 버스는 다음 날 새벽 5시
30분에 수크레에 도착했다. 버스에서 내리며 내가 제일 먼저 내뱉은
말은 '다 왔구나'가 아닌 '끝났구나!' 지도를 보니 우리나라식으로
터널을 뚫고 길을 냈다면 3시간도 채 안 걸리는 길이었을 듯했다.

어머니는 말씀하셨다. 좋은 길 놔두고 왜 둘러가려 하느냐고. 남들이 가지 않은 길, 밟지 않은 길을 개척하는 게 얼마나 험난하고 힘든 건지 나는 그때 미처 알지 못했다. 우리가 반질반질 잘 닦인 이 길을 어렵지 않게 걸을 수 있는 건 이미 수천, 수만 명이 밟고 지나갔기 때문이라는 걸. 인생도 마찬가지.

+
천신만고 끝에 도착한
하얀 마을 수크레

#

"뭐라고? 파업이라고?"

"응, 버스 파업이야. 일주일은 걸릴 것 같은데… 너네 어떡하니?"

버스 티켓을 알아봐준 여행사 직원이 걱정스러운 눈빛으로 바라봤다.

하루나 이틀은 모르지만, 다음 일정 때문에 수크레에 한없이 머무를 수는 없는 상황이었다.

"아, 마침 내일 아침에 라파즈로 떠나는 비행기가 있어. 자리가… 아, 딱 2자리 남았다."

평상시 같으면 비싸다고 거절했겠지만, 지금 그걸 따질 형편이 아니었다. 아니, 오히려 이 난국을 타개하게 도와준 직원에게 감사의 키스라도 해야 될 판이다. 덕분에 우린 무사히 수크레를 탈출(?)할 수 있었다. 버스 파업이라니…. 정말 한치 앞을 알 수 없는 스펙터클한 남미 여행이다.

M E X I C O

G U A T E M A L A

B E L I Z E

C U B A

E C U A D O R

P E R U

B O L I V I A

C H I L E

A R G E N T I N A

B R A Z I L

칠 레

달의 계곡과 소금의 호수

ATACAMA 아타카마

○

SHE SAID

"사막 속에서도 꽃은 피듯이,
팍팍한 삶 중에도 낭만은 잃지 않기를."

>

마추픽추와 이과수 폭포, 볼리비아의 우유니 소금 사막 등 '남미' 하면 떠오르는 대표적인 관광지 말고도 남미 여행 중 반드시 들러야 할 곳을 꼽는다면 칠레의 아타카마를 추천한다. 아타카마? 남미를 잘 모르는 이라면 다소 생소할지도 모르겠다. 드라마 《별에서 온 그대》에서 외계인으로 나온 도민준이 지구상에서 가장 좋아하는 곳이라고 소개한 곳이라고 하면 알려나?

천국이 아닐까 싶은 볼리비아의 우유니 소금 호수를 벗어나자 거대한 황토색 불모지가 펼쳐졌다. 끝이 보이지 않는 메마른 황야를 벗어나기 위해 2박 3일을 내리 달려 도착한 곳이 바로 산 페드로 데

아타카마. 아르마스 중앙 광장을 중심으로 30분이면 다 둘러볼 수 있는 이 작은 마을의 삶과 시간은 이곳을 찾는 여행자들에 의해 흘러간다고 해도 과언이 아니다. 왜냐하면 이곳이 바로 아타카마 사막과 고원을 둘러볼 수 있는 다양한 투어의 베이스캠프이기 때문. 우리 역시 마을에 도착하자마자 여행사부터 찾아 들어가 달의 계곡과 사해 투어를 신청했고, 다행히 오후에 바로 출발하는 달의 계곡 투어 팀에 합류할 수 있었다. 칠레의 최북단에 위치한 사막, 아타카마. 해발 2000m가 넘는 지형에 위치한 이 사막은 인류가 측정한 이래 한 번도 비가 내리지 않은 곳이 있을 정도로 건조한 땅이라 했다. '달의 계곡'이라는 멋진 지명에 약간의 기대감은 있었지만 한편으로는 이 황량한 사막에 뭐 볼 게 있겠나 하는 마음이 들었던 것도 사실이다.

종석 오빠, T군과 함께 20명 정도 탈 수 있는 작은 버스에 올랐다. 1시간, 아니 30분 남짓이나 달렸을까? 그리 길지 않은 시간이었지만 볼리비아에서 국경을 넘어 칠레까지 꼬박 2박 3일을 달려온 뒤 곧바로 이 투어에 오른 참이라, 버스에 오르자마자 깊은 잠이 들었나 보다. T군이 흔들어 깨우는 소리에 눈을 떠 보니 이곳은 달, 가 본 적은 없지만 확실히 달의 표면 위였다. 두 눈을 비비고 다시 한 번 발 아래 펼쳐진 세상을 내려다 보았지만 지구상에 존재할 수 있는 곳이 아니었다. 비몽사몽 정신을 못 차리고 있는데, 귓가에 가느다란 가이드의 목소리가 들려왔다. 발 아래 펼쳐진 붉은 대지 위 희끗희끗 서리가 내린 듯 덮여있는 하얀 결정체는 소금이라고 했다. 소금은 바다에서 나는 줄로만 알고 있었는데, 흙 위의 소금이라니! 직접 보지 않으면 믿지 못할 세상, 믿을 수 없는 풍경 속에서 우리는 중대한 임무를 부여받은 탐사 대원이 된 것처럼, 때론 대지와 아주 가까이에서 때론 절대자가 내려다보듯 달의 계곡을 탐험했다.

다음 날의 일정은 아타카마의 대표 투어 중 또 다른 하나인 사해 투어. 사해라면 이스라엘이 유명하지만 이곳 아타카마에도 있다는 사실! 평범한 호수 같아 보이지만 풍덩 달려들어가니 몸이 붕붕 뜨는 게 처음 겪어보는 신기한 경험이었다. 물속에 누워 하늘도 보고, 책도 보고, 자전거 타듯 달리기도 해보고…. 그렇게 실컷 놀다 보니 어느새 해 질 녘이 되었고, 버스는 투어의 하이라이트인 절벽 위 선셋 스팟으로 우리를 데려다주었다. 붉은 땅이 더욱 붉어지는 시간, 여행사에서 마련해준 간이 테이블 위에 놓인 것은 몇 가지 종류의 칵테일들과 간단한 다과. 이성적으로 떠올려보면 이는 매우 보잘 것 없는 칵테일 한 잔에 불과하다. 하지만 그날의 붉은 사막 위 아름다운 석양과 내 손 안의 칵테일 한 잔은 매우 소중한 의미로 남았다. 삶이 아무리 팍팍할지라도 가슴 한 켠의 촉촉한 낭만을 잃지 않기를….

말 없는 수다쟁이, 발파라이소

VALPARAISO 발파라이소

○

SHE SAID

"어떻게 살아갈 것인가?"

>

"400여 일 동안 여행을 하고 돌아왔어요."라고 얘기하면 흔히들 "우와! 몇 개국, 몇 개 도시나 가봤어요?"를 먼저 묻는다. 여행을 떠나본 이들은 알겠지만, 사실 400일 가지고 세계여행은 어림도 없다. 전 세계를 여행하고 왔다고 우쭐대기엔 아직 못 가본 곳도, 가보고 싶은 곳도 정말 많다. "거기 가봤어요?", "저기는요?", "그럼 그, 거기는요?"라는 물음에 "아니오."라고 대답해야 할 때면, 여행 헛했나

하는 자괴감이 들 정도다. 그래서 나는 우리의 경험을 '세계여행'이라는 거창한 말 대신 '세상 구경' 정도로 부르고 싶다. 그저 세상 사람들이 어떻게 살아가고 있는지, 이 세상은 어떻게 돌아가는지, 그 속에서 난 어떻게 살아갈 것인지, 그래서 행복한지, 이런 것들을 스스로에게 물을 수 있었던 시간이라 생각하고 싶다.

4개월로 계획했던 중남미 여행이 7개월로 길어진 건 예상보다 훨씬 거대하고 매력적인 대륙이 끊임없이 말을 걸어왔기 때문이다. 남미 최고의 항구 도시인 발파라이소 역시 많은 것들을 내보여주고 속 깊은 이야기들을 들려준 곳이다. 칠레의 수도인 산티아고에서 두 시간 정도면 도착할 수 있는 곳이라 보통은 당일치기로 들리지만 우리는 꼬박 3일을 머물렀다. 우리도 원래는 하루면 충분히 둘러보겠지, 라고 생각했었지만 직접 가본 발파라이소는 일정을 모두 수정할 만큼 좋았다. 이런 게 장기 여행자만이 취할 수 있는 호기로운 여유라 할 수 있겠지!

발파라이소는 미국의 샌프란시스코처럼 언덕배기에 만들어진 도시이다. 해안과 접해있는 언덕 아래쪽은 오피스와 가게들이 몰려있고 높은 쪽이 주거지라서, 우린 호스텔을 찾아 위로 위로 올라가야 했다. 사실 그동안 가이드북을 버려라, 던져라 막말을 많이 했지만 솔직히 가이드북이 없었다면 우리의 여행이 훨씬 고생스럽고 험난했으리라는 사실을 부정하진 못하겠다. 언덕 경사면이 어찌나 높고 가파르던지 가이드북에서 알려준 '아센소르Ascensor'가 아니었다면 그 무거운 배낭을 짊어지고 어떻게 숙소까지 올라갈 수 있었을까? 아센소르는 스페인어로 '승강기, 엘리베이터'라는 뜻이고, 발파라이소의 엘리베이터인 아센소르는 매우 독특하다. 쉽게 설명하자면, 언덕 경사면의 낮은 지대와 높은 지대 사이에 레일을 깔고 그 위를 오르내리는 케이블카를 떠올리면 된다. 19세기에 만들어진 10여 대의 아센소르를 아직까지 사용 중이라고 하는데, 한 번 타는 데 1인당 약 4~500원 정도로 저렴하다. 그렇지만 우리는 첫째 날과 마지막 날, 그리고 100년이 넘은 가장 오래된 아센소르를 기념 삼아 탄 것 빼고는 매번 낑낑거리며 걸어서 언덕을 오르내렸다. 가난한 배낭 여행자의 감추고 싶은 비밀이랄까.

첫째 날은 워킹 투어 가이드인 필립과 함께 도시를 둘러보았다. 그도 발파라이소 출신은 아니라 했다. 우연히 들른 이 도시의 매력에서 빠져나오지 못해 몇 년째 머무르고 있다고 말하는 필립의 목소리에서 그가 얼마나 발파라이소를 사랑하는지, 얼마만큼 자랑스럽게 여기는지를 충분히 알 수 있었다. 자신의 나라가 아님에도 저런 감정을 느낄 수 있다는 게 신기했다. 사실 난 대부분의 설명을 못

CHILE

BLACK BLOCK CREW

알아들었고 그나마도 지금은 다 잊어버렸지만, 한 가지 확실히 기억나는 건 발파라이소 건물들의 유래에 대한 이야기이다. 19세기, 가난한 이민자들이 발파라이소에 정착하던 시절, 집을 지을 재료가 없자 항구에서 선박이나 컨테이너를 만들 때 쓰이는 철판을 주워 집을 짓기 시작했다고 했다. 후에 색색의 철판 벽 위에 하나둘씩 그래피티가 늘어났고, 세상에 둘도 없는 매력적인 도시로 거듭나게 되면서, 2003년에는 발파라이소의 역사 지구가 유네스코 세계 문화유산에 등재됐다고 한다. 필립이 들려주는 이야기에 귀를 기울이며 도시의 골목을 걷다 보니 그의 목소리인지 벽들이 들려주는 이야기인지 헷갈리기 시작했다.

원래 계획대로라면 둘째 날엔 산티아고로 넘어가야 했지만, 발파라이소의 개성에 큰 흥미를 느낀 우리는 누가 먼저랄 것도 없이 좀 더 머무르기로 결정했다. 그래서 다음날은 T군과 단둘이 골목 구석구석까지 탐방하기로 했다. 호스텔을 나선 지 얼마 지나지 않아 어제 느낀 사물들의 소리가 좀 더 생생하게 들리기 시작했다. 요리조리 뻗어있는 산비탈의 골목들과 투박하게 쌓아 올려진 담벼락들, 심지어 거리의 전봇대와 쓰레기통까지도 내게 말을 걸어왔다. 걸음걸음을 내딛을 때마다 도시 전체가 입술을 달싹거렸다.

"만나서 반가워. 우리처럼 수준 높은 그래피티는 처음이지?"

nina

"좀 엉뚱해도 괜찮아, 더 멋진 상상을 펼치며 네 인생을 살아도 좋아!"

"너는 지금 행복하니? 이 그림처럼 즐거운 삶을 살고 있니?"

발파라이소는 말 없는 수다쟁이 같았다. 도시와 나는 끊임없이 그림과 눈빛으로 대화를 주고받았다. 발파라이소의 역사 지구 어느 곳을 둘러보아도 이름 모를 예술가들의 삶과 철학, 기상천외한 상상력들이 가득 펼쳐졌다. 어느 것 하나 허투루 지나치지 않고, 저마다의 벽화에 그럴싸한 제목을 붙이며 조금 더 오래, 조금 더 깊이 바라보느라 한참을 벽화 앞에 서 있곤 했다. 그래서인지 유명한 미술관에서 본 명화보다 발파라이소의 거리 벽화 하나하나가 지금도 더 생생히 기억에 남는다.

보잘 것 없는 낙서 하나가 칠레, 아니 세계 곳곳의 예술가들을 불러 모아 하나의 예술구가 된 도시. 발파라이소는 내게 그 어디에서도 볼 수 없었던 벽화 예술의 끝을 보여주었고, 앞으로 어떻게 살아가야 할지에 대한 조언도 함께 해주었다. 정갈하고 안정된 미술관 속 고귀한 작품 같은 삶도 좋지만, 다소 지저분하고 불안정해보여도 자유롭고 개성 넘치는 발파라이소 거리의 벽화 같은 삶이 내게는 더 매력적으로 다가온 것이다.

#

떡볶이,

막창구이,

매운탕….

"아…, 그만해! 더 먹고 싶잖아."

24시간 동안 타고 가야 되는 버스 안에서 심심해서 벌인 게임이다. 이름하야 한국 음식 이름 대기. 어느새 여행을 시작한 지도 200여 일 가까이 되다 보니 한국 음식이 너무나 그립다. 잊지 마시라. 당신이 아무렇지 않게 먹고 있는 일상적인 한국 음식이 누군가에게는 가장 큰 그리움이라는 사실을….

#

항구 도시인 칠레의 푸에르토 몬트에선 발길에 차이는 게 '연어'라는 소문을 듣고, 우린 곧바로 수산 시장으로 향했다. 오! 정말 만 원도 안 하는 돈으로 어마어마한 양의 연어와 해산물을 살 수 있었다. 이거면 회로 배부르게 먹고 해물탕까지 만들어 먹겠다 싶어 신나서 호스텔로 돌아왔는데…, 이럴 수가, 호스텔에 부엌이 없단다.

다행히 도미토리가 아닌 개인 방 형태로 되어있는 곳이라, 우린 준비해온 전기 쿠커를 몰래 꺼내 들었다. 문제는 전기 콘센트가 천장에 매달려 있다는 것. 우리가 급조한 부엌은 서커스의 한 장면을 연상시켰다. 조그마한 미니 탁자 위에 아슬아슬하게 의자를 올리고, 그 위에 더 아슬아슬하게 올려놓은 전기 쿠커…. 음식 담을 접시가 없어 시장에서 준 검정 봉투 그대로 열어놓고 먹어도 좋았다. 이가 없으면 잇몸으로! 우린 어떤 상황에서도 살아남을 수 있을 것 같다.

+
서커스하듯 쌓아올린
간이 주방과 연어

+
제대로 만끽하지 못한 채 떠나야만 했던 토레스 델 파이네의 경이로운 풍경

+
토레스 델 파이네의 세찬 바람에 몸을 맡기는 중

#

비바람이 몰아치는 토레스 델 파이네Torres del Paine. 도저히 4박 5일의 W트레킹을 강행할 수 없어 아쉬운 마음에 원 데이 투어를 신청했다. 저 멀리에 보이는 기암절벽의 봉우리들을 조금이라도 잘 보려 안 끼던 안경까지 꺼내 쓰고 출발 준비 완료.

"어? 어? 앗! 내 안경~~!"

차 문이 열리고 발을 내딛는 순간, 세찬 바람에 휩쓸려 순식간에 허공으로 사라져 버린 안경…. 쓰고 있던 안경이 날아갔다. 멍한 표정으로 사태 파악을 하고 있는 내게 좀

잘 쓰고 있지 그랬냐며 핀잔을 주는 T군.

"T군, 이건 너무 순식간에 벌어진 일이라 신도 어쩔 수 없었을 걸!"

#

맘에 드는 호스텔에서 여유를 즐기던 그 순간, 갑자기
친구에게 보낼 우편물 생각이 났다. 그런데 막상
가려니 뭐부터 어떻게 해야 하나 긴장이 됐다. '뽁뽁이
안전봉투'가 스페인어로 뭐지? 영문 주소는 어떻게 써야
되더라? 아, 우편물 부치는데 여권도 보여 달라 그러면
어쩌지?

대학교 때 학점이수를 위해 정신지체장애원에서
봉사활동을 한 적이 있다. 22살의 나는 32살의 영철 씨와
함께 돌아다니며, 동사무소 가서 등본 떼기, 은행에서
통장 만들기, 우체국에서 편지 보내기 등 하나부터
열까지 알려주는 게 일이었다.

그리고 오늘, 32살짜리 나는 그때 '아니, 이렇게 쉬운
생활의 기초도 몰라?'라며 대충대충 알려줬던 게 문득
미안해졌다. 8살의 지능을 가졌던 32살 영철 씨도,
스페인어를 모르는 32살의 나도 처음, 처음이니까 잘
모르는 게 당연한데 말이다. 그때 영철 씨 입장에서 좀
더 상세하게 가르쳐줄 걸 하는 후회가 문득 밀려왔다.
아무튼 오늘은 친구에게 보낼 선물 무사히 송신 완료!

집 떠나 힘들고 정처 없이 떠돌아도,

맛난 음식을 사먹을 여유가 없어도,

거울 속의 내 모습이 멋지고 아름답지 않아도,

나는 지금 행복하다.

M E X I C O

G U A T E M A L A

B E L I Z E

C U B A

E C U A D O R

P E R U

B O L I V I A

C H I L E

A R G E N T I N A

B R A Z I L

아 르 헨 티 나

길 위의 인연, 소중한 친구 '헤레'

BARILOCHE 바릴로체

○

SHE SAID

"한 번 뿐인 지금 이 순간,
적당 적당히 살 건가요?"

>

길 위에서 보낸 많은 날만큼 그 길 위에서 많은 이들을 만났다. 들으면 누구나 다 아는 나라, 다 아는 도시 출신 친구들도 있었고, 어디에 붙어있는지 모를 작은 섬에서 온 이도 있었다. 물론 한국인도 있었고. 대부분은 T군이 먼저 대화를 튼 후 그가 나를 소개하거나 그렇지 않을 땐 이야기가 한참 진행된 후에야 멀찌감치 서 있던 나도 일행이었음을 쭈뼛거리며 밝혔다. 이렇듯 내가 여행 중 만나는 사람들과 쉽사리 친해지지 못했던 이유는 T군의 탓이 컸다. 차라리 혼자였다면 온갖 손짓 발짓을 동원해서 한 마디라도 나눠보려 애썼겠지만, 영어 잘 하는 T군 옆에선 굳이 내가 먼저 나서서 이야기할 필요성을 느끼지 못했을 뿐더러 기가 죽어서 차마 입이 떨어지지 않았다. 여행 초반, 동사가 빠졌다는 둥 그 단어는 그럴 때 쓰는 게 아니라는 둥 한 마디 할 때마다 잔소리를 해대는 T군이 여간 얄밉고 불편한 게 아니어서 그게 트라우마로 자리 잡은 듯했다. 스페인어로 얘기하는 건 그나마 나았다. 그나 나나 못 하긴 매한가지니까. 하지만 전 세계에서 모인 여행자들끼리 영어로 대화를 나누어야 할 때면 어김없이 난 콩알만큼 작아졌다.

'헤레미아스'를 처음 만난 건 아르헨티나 최고의 휴양지로 꼽히는 호반의 도시, 바릴로체의 호스텔 방에서였다. 마침 T군이 저녁식사를 만들러 아래층으로 내려간 직후 우리 방에 도착한 외국인 청년은 침대 위에 짐을 풀며 쏼라쏼라 내게 말을 걸어왔다. 두리번거리며 습관적으로 T군을 찾느라 당황하는 나를 보며 다시 한 번 아주 천천히 말을 걸어오는 청년. 혹시 한국인 아니냐고 묻는 소리가 귀에 들려왔다. '응? 남미 여행을 하면서 중국인인지 일본인인지 묻는 사람은 수도 없이 많았지만 한국인이냐고 먼저 묻는 사람은 네가 처음이야.' T군 없이 외국인과 단둘이 남겨진 방 안에서 난 드디어 손과 발을 써먹을 기회가 생겼고, 동사가 좀 빠져도 단어의 쓰임이 정확치 않아도 그가 꽤 잘 알아듣고 있음이 느껴졌다. T군이 없어도 대화가 되긴 되는구나! 여행 벙어리였던 나의 입을 트이게 해준 잘생긴 외국인 청년은 아르헨티나 로사리오 출신의 헤레미아스(우린 '헤레'라고 불렀다). 영화《공동경비구역 JSA》를 보고 펑펑 울었다는 22살의 녀석은 한국 영화와 드라마를 나보다 훨씬 많이 섭렵했을 정도로 열혈 한드 매니아였다. 호스텔에서도 틈만 나면 한국 드라마를 보았는데, 20여 년 전 납량 특집 드라마 'M'까지 섭렵했다 하니 말 다한 셈이다.

식사 준비를 마치고 돌아온 T군에게 헤레를 소개하며 '여행 오래 하다 보니 이런 날도 오는구나!'라는 생각에 나도 모르게 미소가 지어졌다. 그날 저녁, 몇 마디 대화로 금세 친해진 우리는 헤어지는 날까지 바릴로체의 곳곳을 함께 여행했다. 아르헨티나 토박이인 헤레 덕분에 우리의 여행은 한결 풍족하고 풍부해질 수 있었는데, 무엇보다 고기 굽는 그의 솜씨는 신의 경지에 가까워서 호스텔 부엌에서 구워 먹는 소고기가 여느 유명 레스토랑 못지않게 맛있게 둔갑하곤 했다.

우리는 죽고 못 사는 삼남매처럼 열흘을 꼭 붙어 지냈다. 그와 함께

하는 시간이 마냥 즐거워 2박 3일을 계획했던 바릴로체에서 열흘을 넘게 보냈다. 어느 햇살 좋은 날엔 마을 근교 캄파나리오 언덕에 올라 바릴로체를 감싸고 있는 나우엘 우아피 호수의 고요하면서도 매혹적인 전경을 하염없이 바라보았고, 또 어느 좋은 날엔 빅토리아 섬에서 다양한 종류의 나무 숲 사이를 거닐며 종일 여유로운 산림욕을 즐겼다. 다른 하루는 아라쟈네스 숲 속에서 잊고 지냈던 동심의 세계에 빠지기도 했는데, 왜냐하면 이 숲이 바로 월트 디즈니가 영감을 받아 '밤비'를 탄생시킨 곳이기 때문이다. 주홍색의 신비한 미트레Mytre(은매화) 나무로 가득한 섬에 내리는 순간 "그래! 꼭 밤비처럼 생긴 애가 툭 튀어나올 것 같아!"라는 말이 절로 나왔다. 흐린 날엔 렌터카를 빌려 근처 마을을 돌며 운치 있는 드라이브를 즐기다가 예쁜 카페에 앉아 쉼 없는 수다를 나누었고, 비가 오면 호스텔에서 각자 밀린 일들을 처리했다. 난 밀린 글을 쓰고, T군은 사진 정리, 헤레는 한국 드라마를 보며 이런저런 궁금한 것들을 내게 묻고.

셋 중 가장 어리지만 스페인어와 영어, 심지어 한국어까지 할 줄 아는 헤레는 우리들의 일등 통역사이자 가이드였다. 언제나 환한 잇몸 미소를 날리며 20대의 패기 넘치는 에너지로 가득찬 그는 날 위해 서툰 한국말을 섞어가며 또박또박 천천히 말을 했고, 나 역시 엉터리 영어일지라도 최대한 많은 말을 하려 노력했다. 게다가 그간 배운 초보적인 스페인어까지 시도해볼 수 있었으니, 헤레는 그야말로 길 위에서 만난 최고의 외국인 친구이자 선생님이 아닐 수 없었다. 이른 아침 눈뜨는 순간부터 늦은 밤 잠이 들 때까지 내내 함께 생활한 우리들은 어느새 시시콜콜한 농담부터 각자의 꿈에 대한 진지한 이야기까지 툭 터놓고 나눌 정도로 가까워져 있었다.

바릴로체를 떠나던 날, 그러니까 헤레와 헤어지던 날. 난 여행 내내 이해할 수 없었던 T군의 행동을 비로소 이해할 수 있게 되었다. 여행 중 짧게는 몇 시간에서 길게는 며칠을 함께하게 되는 외국인 친구들과 헤어질 때면, 그 짧은 시간 동안 어찌나 정을 많이 줬던지 각자의 길로 갈라선 후에도 하루 종일 상실감에 빠져 두 어깨가 축 처져 있던 T군이었다. 그럴 때면 아내로서, 파트너로서 '옆에 있는 나는 이 사람에게 뭔가? 아무것도 아닌 존재인가?' 하는 자괴감이 들었던 게 사실이다. 그런데 헤레와 헤어지면서 그동안 T군의 여행법은 '온전히'였고, 나는 '적당히'였음을 알아차리게 되었다. 삶의 우선순위에서 많은 것을 내려놓고 떠나온 여행이었음에도 나는 그 속에 풍덩 빠지지 못하고, 발목만 담근 채 살짝살짝 걷고 있었던 거다. 내가 언제 다시 만날 수 있을지 모를 길 위의 사람들이라는 고정관념에 사로잡혀 적당히 날 노출하고, 적당히 정을 주며, 적당히 그냥 함께하는 척만 했었다면 T군은 온전히 그들과 소통하고, 온전히 마음을 열었던 것임을 깨달았다. 그리고 요즘 세상에선 그가 옳을 수도 있음을….

난 여전히 헤레와 페이스북 메시지를 주고받으며 오랜 친구처럼 대화를 나눈다. 그에게 한국인 여자 친구가 생겼음을, 우리에게 예쁜 딸이 생겼음을 바로바로 소통할 수 있다. 그는 곧 한국을 방문할 예정이라 했다. 우리는 이제 더 이상 길 위에서 만난 이가 한낱 스쳐지나는 인연으로만 머물지 않는 시대에 살고 있다. 길 위의 인연이 평생 친구가 될 수 있는 것이다!

어느 별에서 왔니, 내맘가지러 왔니

EL CHALTEN 엘 찰텐

○

SHE SAID

"남미 최고의 트레킹 코스 :
착한 사람들한테만 보이는
순수 무궁한 마법의 세계!"

>

엘 찰텐으로 가는 길은 흡사 지구를 떠나는 길 같았다. 인간의 흔적이라곤 찾아 볼 수 없는 황토색 황량한 풍경이 끝 간 데 없이 펼쳐지다가 굽이를 도는 순간 캔디바 색을 닮은 에메랄드빛 호수가 툭 튀어나온다. 다시 풀 한 포기 나지 않는 메마른 땅이었다가 다음 순간엔 다시 캔디바 색 빙하 호수가 짠 나타난다. 하늘은 또 어떤가? 새파란 하늘에 시시각각으로 변하는 하얀 구름, 그 구름 사이로 해가 지고 달이 뜨고, 달이 지고 해가 뜨는 걸 바라보며 버스는 달린다. 종잡을 수 없는 풍경이다. 그렇게 바릴로체에서부터 쉬지 않고 30시간을 달리고 나면 엘 찰텐이라는 작고 작은 마을에 도착한다. 힘들게 이곳을 찾은 이유는 트레킹 때문이다. 남미 여행 중 딱 한 군데에서만 트레킹을 할 수 있다면, 1초의 망설임도 없이 엘 찰텐 마을에서 시작하는 피츠로이 전망 코스를 선택하겠다.

과테말라의 산 페드로 화산, 에콰도르의 69호수 트레킹 등을 통해 숨이 턱까지 차오름을 넘어 119를 부르고 싶을 정도의 호흡 곤란을 경험해본 우리들은 최소한의 짐만 가볍게 챙겨 길을 나섰다. 동네 뒷산을 오르듯 호스텔을 나선 지 10분도 채 되지 않아 엘 찰텐 마을이 한눈에 보이는 산등성이에 도달한다. 시작이 좋다. 자연을 거스르지 않는, 나무로 만들어진 안내 표지판 앞에서 마법의 책장이 사르륵 펼쳐진다. 어린 시절 만화에서 보았던, 갈색 하드커버에 손으로 직접 그린 삽화가 그려진 두껍고 낡은 마법의 책. 이름을 알 수 없는 고대 식물과 상상 속 신비로운 동물들이 세밀하게 묘사된, 이제부터 주인공이 겪게 되는 각종 모험이 상세하게 기술된 그런 책이다. 첫 챕터는 이렇게 시작한다.

"옛날 옛날 엘 찰텐 마을의 개구쟁이 소년과 소녀는 어른들이 가지

말라는 동네 뒷산에 올랐어요. 그곳에서 그들은 평생 잊지 못할 꿈 같은 모험을 하게 되죠….”

이들은 어떤 모험을 겪게 될까? 우선은 봄이다! 연둣빛 잔디와 연둣빛 잎사귀 가득한 아름다운 숲 속을 종알거리며 걷는다. 아담한 키에 과하지도 부족하지도 않게, 딱 보기 좋을 만큼의 나뭇잎이 조랑조랑 매달린 싱그러운 나무들 사이를 소년과 소녀는 미끄러지듯 달린다. 나뭇가지 사이로 충분히 새어 들어오는 햇살을 맞으며 하늘 한 번 쳐다보고, 땅도 한 번 바라보고. 그러다 벼락이라도 맞은 듯 갈래갈래 심하게 휘어지고 갈라진 나무 앞에 나란히 멈춰 선다. 자세히 들여다보니 진즉에 메말라 죽었어야 할 그 나무조차 씩씩하게 숨을 쉬고 있다. 이 숲엔 상처를 치료해주는 생명의 요정이라도 살고 있는 걸까?

연둣빛 생명의 숲을 지나자 몸에서 슬슬 열이 나고, 소녀는 자연스레 입고 있던 겉옷을 벗어 허리춤에 동여맸다. 그 사이 연둣빛 잎사귀는 농익은 진녹색으로 바뀌었고, 울창한 숲 대신 푸른 초원이 펼쳐졌다. 마치 책장을 한 장 빠르게 넘기듯, 손바닥을 뒤집듯 한순간에 말이다. 소년과 소녀는 앞서거니 뒤서거니 푸른 습지를 지난다. 녹색 갈대가 가득한 웅덩이를 지날 땐 쪼개진 통나무 위를 살금살금 지르밟고 건너다가 괜스레 발끝으로 찰방찰방 상대방에게 물을 튀기며 까르르 웃는다. 지금 이 순간이 즐겁다.

풍경은 다시 한순간에 울퉁불퉁한 돌밭으로 바뀌고, 숨이 차기 시작한 그들은 말없이 길을 걷는다. 앞서 걷던 소년이 "와!"하며 지르는 탄성에 고개를 드니 어느덧 알록달록 붉은 단풍나무 숲이 펼쳐져 있고, 다행히 그들은 다시 평온을 되찾았다. 트레킹을 시작한 지 두 시간 이상이 지났지만, 하나도 힘들지 않았다. 이쯤 되면 119 좀 불러 달라며 오들갑을 떨고 있을 때가 훨씬 지났는데.

사실은 아까부터 꿈결처럼 빛나는 저 하얀 피츠로이를 향해 걷고 있던 중이었다. 햇살을 받아 반짝반짝 빛이 나는 웅장한 피츠로이에서 눈을 뗄 수 없었다. 만년설로 뒤덮인 아름답고도 거대한 돌산에 가까워질수록 둘은 콩닥콩닥 가슴이 뛰었다. 그리고 이제 개구쟁이 소년과 소녀의 모험 이야기는 막바지를 향해 치닫는다.

금방이라도 손에 잡힐 듯 아른거리던 피츠로이가 순식간에 사라지고, 깎아지른 듯한 경사의 자갈 언덕이 이들을 막아섰다. 이번 모험에서 가장 힘든 구간, 이 역경을 이겨내야 그들의 모험도 무사히 끝이 남을 알고 있지만, 점점 다리가 말을 듣지 않는다. 그때, 한시도

세로 또레 트레킹 코스 또한 절경이다.

손에서 놓지 않던 카메라를 잠시 내려두고 소녀의 손을 잡아끄는 소년. 둘은 힘을 합해 자꾸만 미끄러지는 다리를 끌어올리고 올려 기어코 자갈 언덕의 꼭대기에 우뚝 올라섰다. 그곳에서 마주한 건 숨이 멎을 듯 영롱한 빙하 호수 속 만년설로 뒤덮인 피츠로이. 그것은 마법의 책 속 아주 대단한 모험기의 대미를 장식하기에 충분한 삽화를 선사했다.

어른들이 가지 말라던 동네 뒷산엔 깨끗하고 순수한 마음을 가진 사람만이 통과할 수 있는 신비로운 세계가 펼쳐져 있었다. 봄, 여름, 가을, 겨울이 한데 어우러져 공존하는 풍경을 상상이나 할 수 있겠는가? 지구상에 존재하리라고는 생각할 수 없는 엘 찰텐이라는 마을, 엘 찰텐이라는 외딴 별에서 시작되는 전혀 다른 세상. 다시 이곳을 찾게 되는 날, 세속적인 어른이 된 소년과 소녀는 어쩌면 모험의 시작점을 찾지 못해 그 언저리만을 뱅뱅 돌게 될지도 모를 일이다.

3,000km의 대장정, 로드 트립과 히치하이킹

From Ushuaia To Buenos Aires 우수아이아에서 부에노스아이레스까지

>

○

SHE SAID

"떠남.
평소의 나보다
조금은 더 무모해질 용기가 생겼다는 것!"

우수아이아에서 부에노스아이레스까지 장장 3,000킬로미터에 달하는 우리의 로드 트립 이야기를 듣는다면 '집 떠나면 고생'이라는 말이 괜한 소리가 아니라는 걸 알 수 있을 것이다. 서울에서 부산까지가 약 400킬로미터니 이 얼마나 머나먼 길인지 가늠할 수 있을 런지? 오늘 밤 당장 어디서 자게 될지도 알 수 없고, 끼니는 어떻게 때

워야 할지, 한 시간 후엔 과연 어느 하늘 아래에 서 있을지, 정해진 건 아무것도 없었다. 계획하거나 어림짐작을 할 수조차 없는 로드 트립이었지만 다시 돌아간대도 똑같은 선택을 할 것임을 안다. 집 떠나 기꺼이 고생할 준비가 된 이들에게 그건 고생이 아니라 용기고 낭만이오, 돈으로는 채우지 못할 소중한 추억임을 아니까.

멕시코에서 시작된 우리의 여행은 중미를 거쳐 에콰도르, 페루, 볼리비아, 칠레를 지나 아래로 내려갔고, 집 떠난 지 반 년 만에 대륙의 남쪽 끝인 아르헨티나의 우수아이아에 도달하게 되었다. 남미를 시계 반대 방향으로 돌 경우, 다음은 보통 부에노스아이레스다. 3,000킬로미터가 넘는 이 구간에선 2박 3일을 쉬지 않고 달리는 장거리 버스를 이용하거나 몇 시간 만에 도착하는 비행기를 타게 되는데, 비용 차이가 거의 없기 때문에 대부분의 여행자들이 후자를 선택한다. 하지만 불행히도 우리가 도착했을 때는 버스 가격에 맞먹는 싼 비행기 티켓이 매진되는 바람에 열흘 후에나 저렴한 비행기 티켓이 나올 거라는 소리를 듣게 되었다. 터덜터덜 호스텔로 돌아와 땅이 꺼져라 한숨을 쉬는 우리를 보고 먼저 손을 내민 건 요하네스였다.

"마침 내일 부에노스아이레스로 가는 자동차가 있어. 너희가 운전

만 할 줄 안다면 아직 두 자리가 남았으니 함께 가지 않을래?"
"정말? 고마워! 우린 부에노스아이레스까지만 가면 돼. 모로 가도 목적지까지만 가면 된다구!"

사실 요하네스가 말한 자동차의 주인은 26살의 타냐. 주인은 따로 있는데, 남(=우리) 걱정에 먼저 도움의 손길을 내미는 오지라퍼, 6년째 혼자 세계를 여행 중인 요하네스는 그런 아이였다. 다행히 우리의 상황을 전해들은 타냐 역시 흔쾌히 이번 여행을 함께할 것에 동의해주었다. 남미에서 유학 중인 딸과 여행을 한 후 고국으로 돌아간 부모님을 대신하여 부에노스아이레스까지 혼자서 렌터카를 반납하러 돌아가는 길이라 했다. 다만 작은 차라 좀 불편할 거라며 오히려 우리를 걱정하는 마음 착한 소녀, 타냐.

다음 날 새벽, 프라이드만한 타냐의 차 트렁크에 커다란 배낭 3개가, T군과 나의 옆 좌석에 나머지 배낭 하나가 떡하니 자리를 잡았다. 타냐의 말처럼 사람 4명에 사람만한 배낭 4개가 꽉 들어찬 자동차는 매우 비좁았지만, 창 너머 세상 끝에서 솟아오르는 희망찬 태양 빛에 우리들의 얼굴도 붉게 상기되었다. 묵직하게 출발한 타냐의 빨간 자동차는 우수아이아의 찬바람을 타고 점차 제 속도를 찾아가기 시작했다. 우리는 아르헨티나의 3번 국도를 타고 앞으로 앞으로, 위로 위로 나아갔다. 배가 고프다고 마음에 드는 레스토랑을 찾아 끼니를 해결할 수도, 용변이 마렵다고 가까운 휴게소에서 잠시 쉬어갈 수도 없는 노릇이었다. 몇 시간째 같은 풍경을 맴돌고 있는 광활한 땅덩이 위에선 찾을 수 없는 것들이니까. 매직 아이를 보듯 몽롱해지는 정신을 붙잡으며 타냐, T군, 요하네스가 차례를 바꿔 운전대를 잡은 후에야 작은 마을이 나타났다.

"저기서 간단히 엠파나다(밀가루 반죽 속에 고기나 야채를 넣고 구운 아르헨티나의 전통 요리)나 하나 사 먹고, 장을 본 다음에 다시 떠나자!" 우리는 동시에 똑같은 가게를 가리키며 똑같이 외쳤다. 이번 대장정이 빛을 발했던 이유는 이처럼 이심전심으로 통하는 '마음'에 있었다. 사실 여럿이 함께 여행을 하면 가장 문제가 되는 게 '양보와 배려'라는 이름의 '눈치 보기'인 경우가 많은데, 이번 여행에선 전혀 해당되지 않는 말이었다. 특히 한국 사람들과 함께 여행을 할 때면 많이 겪게 되는 장 보기 문제. 각자 먹고 싶은 것도 사고 싶은 것도 다른데 왜 다 같이 물건을 고른 후 N분의 1을 하자는 걸까? 늘 의구심이 들었는데 이럴 땐 외국 친구들의 개인주의가 참 합리적이라는 생각이 들었다. 우리는 각자 저녁으로 때울 샐러드 하나, 요거트 하나, 라면 몇 개를 산 후 다시 길 위에 올랐다.

“와! 이 아름다운 풍경 앞에선 잠시 차를 멈추고 심호흡 한 번 해줘야 하는 거 아니야?”
“오늘은 저기 저 큰 나무 아래에서 잠을 자자!”
“오늘은 몸이 찌뿌드드한데, 호스텔에서 잘까?”
“쳇! 도미토리 가격이 너무 비싼 거 아니야? 저 가격 주고 저기서 잘 바엔 그냥 오늘도 차에서 자는 게 낫겠어!”

2박은 차에서 2박은 롯지lodge에서 잠을 잤다. 차에서 자는 날엔 두 명은 앞좌석을 젖히고, 한 명은 뒷좌석에 구겨져서, 그리고 요하네스는 자신의 텐트 속에서 잠을 잤다. 다음 날이면 서로의 얼굴을 못 알아볼 정도로 퉁퉁 부어서 일어났지만 그 누구도 불평 한 마디 하지 않았다. 각자 샐러드 하나, 요거트 하나로 아침을 해결하거나 둘이서 라면 한 개로 끼니를 때우기도 했다.

드넓고 거대한 아르헨티나의 풍경 앞에서 점차 마음의 여유가 생긴 우리들은 누가 시키지 않아도 차를 멈추고 대자연을 감상하는 일이 잦아졌다. 그 중 백미는 ‘펭귄 국립공원’이었다. 우수아이아에서는 아쉽게도 시즌이 끝나 펭귄섬에 가 보지 못했는데, 예상치 못한 곳에서 수억 마리의 펭귄과 바다사자를 조우하게 된 것이다. 우리 중 그 누구도 이번 로드 트립이 이토록 재미나고 멋질 줄은 상상하지 못했

타냐와 요하네스 뒷모습, 그리고 길 위에서 만난 동물 친구들

다. 그때그때 폿말 따라, 기분 따라 즉흥적으로 움직인 결과였다.

타냐와 요하네스와 함께한 지 5일째 되는 날 도착한 마을은 아름답고 평화로웠다. 그들은 잠시 그곳에서 쉬었다 가고 싶다 했다. 우리도 그러고 싶었지만 예약해놓은 갈라파고스 투어 일정에 맞추려면 조금 바삐 움직여야 했다. 아쉬운 마음을 뒤로 한 채 '이제 남은 1,000km를 어떻게 더 가지?' 하고 고민하고 있을 때, 여행 베테랑 요하네스가 제안했다.

"히치하이킹 어때?"

"히치하이킹이라니? 이 위험한 남미 대륙에서 히치하이킹이라니?"

"너흰 남미 여행을 그렇게 오랫동안 하고도 아직도 그런 편견에 사로잡혀 있는 거야? 세상 어디에도 100% 안전한 곳은 없어. 남미 사람들은 순박하고 착해서 히치하이킹 성공률이 높다고!"

남미 여행 어디까지 해봤냐고? 차에서 자는 건 기본이고, 길 위에서서 자본 적도 있는 걸? 강한 바람 때문에 나무 한 그루 자라지 못하는 도로 위에서 4시간을 넘게 휘청거리며 엄지손가락을 치켜들고 서 있어도 봤고, 무거운 배낭을 메고 언제쯤 나타날지 모를 자동차를 기다리며 T군과 함께 걷고 또 걷기도 했지. 우린 결국 친구들과 헤어진 지 3일째 되는 날 아침, 부에노스아이레스에 무사히 도착했다. TV에서만 보던 히치하이킹으로 1,000km를 이동하다니 기적 같았다. 가끔은 '저 남자는 빼고 너 한 명 탈 자리는 있다'는 음흉한 트럭 기사도 있었지만 대부분은 천사였다. 다 큰 아이를 무릎 위에 앉히고 기꺼이 자리를 양보해주던 가족, 신혼여행을 떠나는 중이라는 앳된 부부, 차체가 도로에 닿았는가 싶을 정도로 덜컹거리는 낡은 차를 타고도 너털웃음 끊이질 않던 앞니 빠진 아저씨, 엄청난 스피드광으로 어렵게 탄 차에서 다시 내리고 싶게 만들었던 풍채 좋은 할아버지까지, 길 위에서 만난 사람들은 모두 우리에겐 하늘이 준 선물 같았다.

계획하지 않아도 삶은 재미나게 흘러간다. 인생이 즐거울 수 있는 건 한 치 앞을 알 수 없기 때문. 그래서 두렵지만 그래서 더 흥미진진하다.

히치하이킹 하는 모습

오감만족의 도시, 부에노스아이레스

Buenos Aires 부에노스아이레스

○

HE SAID

"Que buenos aires~"
: '좋은 공기'라는 뜻으로
콜럼버스가 아메리카 대륙 발견 시
들이마신 공기가 너무나 좋아서 한 말

>

여행지의 매력이 제각각이고 사람들의 취향도 저마다 다르기에 여행지를 추천해주는 건 항상 조심스러운 일이다. 사람들이 가지고 있는 기억이나 자신의 고유한 취향에 의해서 어떤 이에게는 최고의 여행지였던 곳이 또 다른 이에게는 최악의 여행지로 남을 수도 있으니까. 멋진 풍광을 찾아나서는 이가 있는가 하면, 세상에서 경험해보지 못한 맛을 맛보기 위해 여행을 떠나는 이도 있다. 이처럼 다양한 여행자들의 입맛을 모두 만족시켜주는 여행지가 있을 수 있을까? 아, 어쩌면 있을지도 모르겠다. 남아메리카의 '파리'라 일컬어지는 '부에노스아이레스'가 바로 그곳이다.

미 - 스산한 항구거리인 보카 지구는 다채로운 색상들로 온 거리가 뒤덮여있다. 전혀 어울리지 않을 것 같은 색상들의 결합과 벽면을 한 가득 채운 수많은 벽화들이 만들어낸 극적인 하모니. 마치 거대한 팔레트 위의 수많은 물감들이 흘러넘쳐 채색되어진 듯한 자유로움은 그 어느 곳에도 존재하지 않는 거리를 탄생시켰다. 주의하시라, 그 현란한 색들의 조합과 색상들의 강렬한 자극에 의해 한동안은 세상의 모든 거리가 밋밋해 보일지도 모르니까.

향 - 오렌지 향을 품은 수많은 조명들과 거대한 무대에 압도되는, 세계에서 가장 아름다운 서점 엘 아테네오El Ateneo. 2000년도부터 서점으로 이용된 이곳은 원래 오페라 극장이었다고 한다. 덕분에 오페라 극장의 고풍스러움과 100년이라는 시간의 아름다움이 서점 곳곳에 녹아들어 있다. 마음에 드는 책 하나를 집어 들고 깊게 심호흡을 해보자. 세월의 향기와 고서들의 향이 꿈결처럼 잔잔하게 온몸에 스며들 수 있도록….

엘 아테네오(El Ateneo), 100년 전의 오페라하우스가 현재는 세상에서
가장 아름다운 서점으로 재탄생되었다.

맛 – 뷔페의 척도는 디저트에 의해 결정된다는 게 나의 지론. 이런 나의 입맛을 만족시켜주는 맛이 이 도시에 존재한다. 바로 둘세 데 레체Dulce de leche. 우유의 부드러움과 설탕의 달콤함으로 진한 풍미를 선사하는 둘세 데 레체는 커피, 빵, 케이크 등 세상 모든 디저트와 멋진 조화를 이루는 궁극의 밀크잼이다. 게다가 저칼로리라는 착한 성격까지 탑재했으니 살찔 걱정 따위는 접어두고 그저 원하는 만큼 즐기면 그만이다.

음 – 영화《여인의 향기》에서 흘러나오던 구슬픈 음악을 기억하는가? 절제된 음 속에서 강렬한 슬픔을 표현하던 탱고 음악의 발상지가 바로 부에노스아이레스의 옛 항구이다. 고향에 대한 선원들의 그리움, 이루어질 수 없었던 사랑의 안타까움, 고된 하루를 보내던 서민들의 노곤함을 달래주던 이 음악은 어찌 보면 우리네 정서인 '한'과 많이 닮아있다. 그래서 한국 여행자들은 탱고 음악을 들으러 아르헨티나로 찾아온다. 그 옛날의 바다 내음을 기억하고 있는 항구도시의 선술집에서 이름 모를 악사의 탱고 음악을 들어보자. 잊고 있었던 첫사랑과의 아스라한 추억을 다시 만나게 될지도 모르니까.

경험 – 일요일에만 열리는 산뗄모 골동품 시장. 단순한 벼룩시장을 떠올린다면 천만의 말씀. 세상 모든 예술가들이 여기 모였다는 착각이 들 정도로 하나부터 열까지 눈을 뗄 수 없을 만큼 환상적이다. 분필 한 자루로 만들어내는 유명인들의 피규어, 쉴 새 없이 울려 퍼지는 악사들의 수준 높은 공연, 낡은 레코드판을 따라 떠나는 추억 여행, 집으로 모셔오고 싶지만 눈물을 머금고 포기한 조각들. 가히 거리에서 펼쳐질 수 있는 모든 공연들을 모아놓은 종합예술의 결정판이다. 글을 쓰고 있는 지금 이 순간에도 부에노스아이레스를 가슴 설레면서 떠올리는 이유는 오롯이 산뗄모 시장의 숨을 쉬듯 생생한 에너지 때문이다. 부에노스를 방문할 때는 반드시 일요일. 잊지 말사!

수많은 여행자들을 흡족하게 만들어준 도시 부에노스아이레스. 이곳에서 무엇을 찾고 느낄지는 오로지 당신의 몫이다.

Bienvenidos a
San Telmo

THE BEATLES
DOWN IN THE VALLEY
MGM
EUREKA

#

"자~ 이 위스키로 말할 것 같으면 지구 탄생의 비밀을 담고 있어서
한 번 마시기만 하면 온몸과 마음이 시원해지는 위스키란 말입니다."
투어 가이드가 한껏 부풀린 이야기를 담아 위스키 한 잔을 건넨다.
약장수의 허풍같이 들리지만 굳이 틀린 말도 아니다. 깔라파떼
빙하 체험의 마지막 코스에서 건네받는 위스키 잔
안에는 오랜 시간동안 빙하라는 이름으로 다져진
얼음조각들이 담겨있다. 그러니 이 한 잔의
위스키 속에 커다란 세월이 스며들어있는
셈이다. 맛이 어땠냐고?
"궁금하면 한 번
마셔봐~!"

#

어제, 우리는 한국의 삼계탕을 친구들에게 대접했다. 오늘은 홍콩에서 온 아이리쉬가 음식을 만들 차례. 요리를 못한다고 손사래를 치던 아이리쉬 아줌마가 팔을 걷어붙였다. 볶음밥을 해준다는데, 사실 재료랄 것도 별로 없다. 뻔한 야채들뿐. 그런데 놀랍게도 중국 식당에서 먹던 중국식 볶음밥 맛이 난다. 정말 별 거 넣지도 않았는데…. 역시 음식은 손맛이다!

#

호스텔 탁자 위에 올려놓았던 손톱깎이, 비 올 것 같아 들고 나갔다가 한 번 펼쳐 보지도 못한 3단 우산, 세찬 바람에 날아가 버린 안경과 깜빡하고 돌려받지 못한 신용카드, 일요 시장에서 산 몇 천 원짜리 예쁜 보자기까지…. 일상 속에선 너무도 쉽게 구할 수 있고, 전화 한 통이면 간단히 해결되는, 몇 푼 안 하는 이 사소한 것들이 한국에서 포기하고 온 '월급봉투'보다도 나를 더 아프고 속상하게 만들었다. 여행 중 잃어버린 물건들. 늘 곁에 있을 땐 그 소중함을 모른다.

+
재래시장에서 산 파란색 보자기, 이 사진을 마지막으로 더 이상 이 보자기를 볼 수 없었다.

#

이동할 때 숙소를 미리 예약하지 않는 우리의 여행 방식 때문에
때로는 가방과 배낭을 메고 한 시간도 더 넘게 걸어야 할 때가
있다. 호스텔에 잘 방이 없거나 마음에 드는 호스텔을 못 찾을 때,
각각 20kg과 30kg에 육박하는 배낭을 메고 씩씩하게 걸을 수 있는
한계점은 고작해야 20분. 그 다음부터는 한 걸음에 한 번씩 "18, 18,
죽겠다, 죽겠다."가 저절로 튀어 나온다.
아르헨티나의 바릴로체에 도착해 잘 방이 없어서 두 시간이 넘게
시내를 방황했더랬다. 던져 버리고 싶은 무거운 가방을 메고. 그러다
문득, "아, 내가 지금 앞뒤로 메고 있는 게 내 전 재산이구나!"
싶었고, 생각을 바꾸니 등이 한결 가벼워진 느낌이었다. 그리고 다시
힘을 내 마음에 쏙 드는 바릴로체의 우리 집을 찾을 수 있었다.
살아가는 데 필요한 전부는 내 양손에 들 수 있을 만큼. 사는 데
필요한 재산은 생각보다 무겁지 않다.

#

일기예보에 따르면 해가 떠 있어야 했다. 그런데 밖을 보니 바람까지
동반한 빗방울이 거세다. 오늘은 꼼짝 않고 호스텔에서 밀린 일이나
하자 마음먹었더니 정오가 채 되기도 전에 구름 한 점 없는 맑은
날씨가 되었다.
'우수아이아의 날씨와 인생은 예측하려고 하지 마라.
어차피 예측 불가능이니까.'
숙소의 벽에 붙은 문구가 다시금 눈에 들어온다.
아메리카 대륙의 최남단, 게다가 바다를 끼고 위치한 탓에

우체국. 군데군데 칠이 벗겨진
벽화에서 우수아이아의
역사를 알 수 있다

우수아이아의 날씨는 변화무쌍하다. 마을
주민들은 예측 불가능한 날씨를
이겨내기보다는 잘 순응하는 법을 배운
듯 하다.
우리네 삶도 이러하리라.
예측하려고, 너무 준비하려고 하지 말자.
어차피 내 뜻대로만 될 수는 없는 것,
그것이 인생 아닌가!

#

남미의 끝 우수아이아. 지금은
평화롭기만 한 마을의 모습이지만,
한때 이곳은 중범죄자들을 수용하던 감옥
마을이었다. 우리나라도 그 옛날 대역죄인들을
한양에서 가장
먼 곳으로 유배를 보내곤 했으니 어쩌면 우수아이아는
중범죄자들을 수용하기에는 최적의 마을이었는지도
모른다(지금도 마을에는 감옥 박물관이 있다).
아메리카 대륙의 최남단 마을 우수아이아. 한적하고
여유롭고 느긋한 마을.
이곳에서 바라보는 넓고 푸르른 바다가 그 옛날
누군가에게는
끝이 없는 절망감을 안겨줬으리라.

평화로운 우수아이아의
바다에 떠 있는 배는
바로 난파선

가진 게 적어서 행복하지 않은 줄 알았다.

지금 생각해보니 행복하지 않아서 무언가를 더 가지고 싶었나 보다.

행복이라는 감정은 무언가를 이루었을 때 얻어지는 부산물이 아닌데 말이다.

M E X I C O

G U A T E M A L A

B E L I Z E

C U B A

E C U A D O R

P E R U

B O L I V I A

C H I L E

A R G E N T I N A

B R A Z I L

브 라 질

여행자의 벽, 그 새로운 해석에 대하여

RIO DE JANEIRO 리우데자네이루

○

SELARON SAID

"I will only complete this crazy original dream
on the last day of my life."

아주 가까운 옛날, 칠레의 예술가이자 여행가였던

셀라론이 살고 있었어요.

세계를 여행하던 그는 리우데자네이루의 아름다움에 심취해

빈민가의 마을에 정착하게 되죠.

자신이 머무른 공간에 대한 사랑의 표현이었을까요?

그는 빈민가에 불과했던 마을을 타일들로

아름답게 가꾸어나가기 시작했고,

그의 꿈에 감동한 여행자들은

세계 각지에서 다양한 타일들을 보내기 시작했어요.

하나 둘씩 모여든 다양한 조각들은

서로서로 힘을 모아 세상에 둘도 없는

'셀라론의 계단'이라는 아름다운 세상을 만들어냈어요.

햇살이 아름답던 어느 날,

셀라론은 그의 꿈이 담긴 계단에서

행복한 미소와 함께 조용히 눈을 감았죠.

수많은 여행자들이 보낸 색색의 타일로 완성됐다는 '셀라론의 계단'은 리우데자네이루에서 가장 먼저 만나고 싶었던 곳이다. 지저분한 골목이 수많은 타일들로 새롭게 태어난 곳, 그럼에도 예술과 삶이 공존하는 곳.

국기에서 가져온 초록색과 노란색 타일로 꾸며져 있는 계단 마디마디를 올라설 때마다 브라질의 진한 향기가 온몸에 전해진다. 계단을 사이에 두고 높게 솟은 두 개의 벽은 붉은색 조각들로 거대한 도화지를 만들었다. 그 안에 그려진 세상의 이야기들. 에펠탑 아래 펼쳐진 초원 위를 뛰노는 말들이 보인다. 푸르른 바다를 굽어보는 파

셀라론의 계단 전경과 계단을 이루는 타일들

란 등대의 푸른 불빛을 받은 연인들은 조용히 탱고를 추고 있고, 마이클 잭슨 형과 밥 말리 형이 함께 부르는 '이매진Imagine' 선율에 모아이 석상은 살며시 미소를 짓는다. 정해진 룰 없이 마음 가는 대로 배열된 수천 수만 개의 조각들은 저마다의 목소리로 자유로운 세상을 이야기하고 있다. 셀라론의 꿈이 그려낸 이곳에서는 정치도, 계급도, 차별도 없이 모두가 한데 어우러져 있다.

셀라론이 들려주는 이야기를 따라서 한참을 걸었을까. 서늘한 기운에 주위를 둘러보니 타일로 만들어진 예쁜 벽이 어느새 험한 벽화가 그려진 골목으로 바뀌어 있었다. 아뿔싸! 잊고 있었다. 이곳은 리우데자네이루에서도 험하기로 소문난 빈민가가 아닌가? 밝은 햇살이 자취를 감춘 골목은 무겁게 내려앉은 어두운 기운에 덮여있다. 나도 모르게 식은땀이 흐른다. 되돌아갈까? 아니면 무작정 앞으로 뛰어 달려 나갈까? 이런 급작스런 행동들이 괜시리 초점 없는 눈빛으로 허공을 바라보고 있는 저 사람들의 시선을 잡아끌지는 않을까? 그냥 태연한 척 걷자. 지금까지처럼 아무렇지 않게 사진을 찍으면서 태연하게 걷자. 그 순간 만났다. 어쩌면 내가 가장 보고 싶었던 그들의 진솔한 삶이 담긴 벽을…. 벽 한가득 어지러운 낙서들과 수명이 다한 채 대롱대롱 매달린 전선들, 한쪽 벽면에 얼룩져 있는 방뇨의 흔적, 무기력한 모습으로 나를 바라보며 하품하는 여인, 이러한 분위기와는 대조적인 원색의 그래피티로 뒤덮인 창고문. 골목이 형성된 이후로 줄곧 그 자리를 지켜온 듯한 벽은 그 자체로 많은 세월이 담긴 삶의 진면목을 여과 없이 보여주고 있었다. 리우데자네이루 빈민가의 삶을 생생하게 담아내고 싶었던 작가로서의 나의 바람이 이루어졌다.

'여행자'라는 이름으로 거리를 걷다 보면 두 개의 공간이 존재함을 깨닫게 된다. 벽을 사이에 두고 존재하는 두 개의 공간. 하나는 벽 외부의 여행자들을 위한 공간이고, 다른 하나는 벽 안쪽에 존재하는 주거인들의 공간이다. 셀라론의 계단이 여행자들을 위한 공간이라면 빈민가에서 만난 공간은 주거인들의 공간인 셈이다. 이방인의 꿈이 담긴 벽과 세월의 깊이가 묻어나던 달동네의 벽은 모두 진실함이라는 공통점을 가지고 있었다. 꾸며지지 않은 아름다움은 남미에서 만났던 수많은 자연의 경이로움과도 닮아있었다. 있는 그대로의 모습으로 우리를 반겨 주었던 남미에서의 인연들. 그들과의 작별인사가 쉽지 않았던 것은 그 속에 담겨져 있던 진실함이 그 어느 곳에서 마주했던 진실함보다 더욱 깊고, 더욱 진했기 때문이리라.

주거인들의 진솔한 삶이 오롯이 담긴, 여행 중 카메라에 꼭 담고 싶었던 벽

이파네마(Ipanema) 해변의 자유로운 사람들

해안가 하얀 마을, 비밀 골목을 찾아서

PARATY 파라티

○

SHE SAID

"보름달이 뜨는 날,
마을은 마법에 걸린다."

>

10년 가까이 밤낮으로 일만 했으니 1년쯤은 쉬어도 괜찮겠지, 그런 마음에 올라선 길이었고, 그 시작은 늦가을이었다. 추위를 극도로 싫어하는 우린 일말의 고민도 없이 곧장 지구 반대편으로 날아왔지만 보통은 시차 적응을 위해 지구가 도는 방향대로 따라 도는 게 '여행의 정석'이라 했다. 하지만 여행에 정도가 어디 있고, 정석이 어디 있으랴? 가끔 인터넷 카페에서 '이 일정 동안 이 루트로 여행하는 게 가능할까요?'라고 묻는 사람들을 보게 된다. 글쎄, 가능하기도 하고 가능하지 않기도 하다. 여행은, 아니 세상은 탁자 위에 펼쳐놓은 지도처럼 평면적이고 단순하지가 않다. 우리가 애초 중남미, 북미, 유럽을 각 4개월씩 계획했었지만 중남미에서만 벌써 7개월째 머무르고 있는 것도 같은 이유다.

파라티도 원래 계획엔 없었으나 함께 여행하던 친구의 말에 이끌려 들르게 된 곳이었다. 내가 경험한 파라티는 '직접 가보지 않고 이 마을을 그려내기란 불가능에 가까울 수도 있겠구나!'라는 생각이 드는 곳이다. '브라질은 위험한 나라 아냐?'라는 고정관념이 조금이라도 머릿속에 있는 사람이라면 더더욱 그러할 터. 파라티는 브라질의 악명 높은 두 도시인 상파울루와 리우데자네이루 사이 어디쯤에 있는 바닷가 마을인데, 우리가 여행한 도시를 놓고 치안 순위를 따졌을 때 둘째가라면 서러워할 곳이 바로 이곳이다.

파라티의 첫인상은 '하얗다'였다. 구시가지로 들어서면 온통 새하얀 벽들과 운치 있는 옛 돌길이 가장 먼저 눈에 들어온다. 다음은 벽 안쪽의 문과 창문들이 눈에 띄는데, 여기서 파라티를 묘사하기 위해 절대 빼놓을 수 없는 접사를 꼽자면 '새-'이다. '새'하얀색 벽을 스케치북 삼아 '새'파란 문을 그려 넣고, 문틀은 '새'빨갛게 칠을 한다. 이번엔 '샛'노란색 창문에 진녹색의 테두리, 뭐 내키는 대로 '샛'노란색 문과 창문에 '샛'노란색 문틀과 창틀도 좋다. 갈색, 하늘색, 주황색, 보라색 등 쓰고 싶은 색이 있다면 어떠한 색도 섞지 않은 원색 그대로를 칠하면 된다. 어느 누가 집들을 이와 같이 칠하기 시작했을까? 벽 전체를 색색이 칠한 마을들은 봤어도 파라티 같은 방식으로 칠을 한 마을은 어디에서도 본 적이 없었다. '어떻게 저 색과 저 색을 함께 쓸 수 있지?' 하는 의문이 드는 조합조차도 이곳에선 화가의 예술 작품처럼 멋진 조화를 이루며 발색했다. 여기에 진회색의 옛 돌길이 파라티의 집들을 안정되게 떠받치고 있어 마을 전체의 중심을 잘 잡아주었다.

외벽의 특색만큼이나 가게 하나, 갤러리 하나 그냥 지나칠 수 없이 독특하고 개성 있는 볼거리가 넘쳐난다. 그중에서도 가장 큰 특이점은 간판이 따로 있는 게 아니라 가게를 상징하는 물건이 대문 앞에 걸려있거나 그려져 있다는 것이었다. 시계방에는 눈길을 끄는 예쁜 시계가 걸려있거나 옷 가게에는 남미 특유의 강렬한 옷들이 주렁주렁 걸려있고, 화가의 작업실에는 커다란 색연필이 그려져 있는 식이다. 원래 평화롭고 안전하면 지루해지기 십상인데, 이곳은 골목골목마다 신기한 것, 재미난 것, 심지어 인생 철학까지 존재하니 매력적일 수밖에 없다. 마치 미와 지성을 두루 갖췄는데 섹시하

PROMOÇÃO
HIDRATAÇÃO

170

기까지 한 만인의 이상형 같달까.

반나절이면 둘러볼 만큼 작은 마을이었음에도 불구하고 우리의 걸음은 직선으로 나아가지 못하고 모든 골목을 지그재그로 활보하느라 매우 더뎠다. 구경도 구경이었지만, 한 달에 한 번 보름달이 뜨는 날, 마을 중 한 골목에 바닷물이 밀려 들어와 장관을 이룬다는 말을 들었기 때문이다. 그리고 오늘이 보름달이 뜨는 날(사실 보름달이 뜨는 날인지 그냥 밀물일 때인지는 확실치 않다). 하지만 그 골목길이 정확히 어느 골목인지는 알 수가 없었나. 동네 사람들에게도 물어봤지만 '아! 그런 곳이 있기는 하지. 근데 어딘지는 잘 모르겠네. 바다가 저쪽이니까 저쪽으로 한 번 가 봐!' 정도의 애매한 답변만 돌아왔다. 여행자는 알지만 현지인은 모르는 그 골목은 대체 어디일까. 지구 반대편에서 날아온 사람은 애타게 찾고 있는데, 정작 동네 사람은 관심도 없는 그 골목을 찾아 몇 시간을 헤맸을까. 마침내 만나게 된 아름다운 반영 앞에서 우린 아이처럼 기뻐했다. T군은 연신 카메라 셔터를 눌렀고, 난 어느 집 대문 앞에 앉아 우두커니 아름다움을 바라보았다. 바다에서 밀려들어온 물이 시나브로 다 빠져나가자 골목은 비온 뒤 젖은 정도의 물기 밖에 남지 않았고, 색이 조금 짙어진 돌길도 곧 언제 그랬냐는 듯 평정을 되찾았다.

방금 전까지 눈앞에 펼쳐졌던 광경이 감쪽같이 사라져 버리니 잠시 정신이 멍해졌다. 꿈을 꾼 것 같았다. 한국에서 사표를 내고 떠나왔다는 사실도, 떠나온 지 7개월이 훌쩍 지나버렸다는 사실도, 그리고 그 시간 동안 내 옆에 항상 T군이 있었다는 사실까지도 이 모든 게 긴 꿈을 꾼 것만 같았다. 4개월을 계획했던 중남미 여행. 귀가 얇은

우리의 여행은 늘 정해진 루트에서 조금씩 벗어나 삐뚤삐뚤하게 지나왔고, 시간은 두 배 가까이 지체됐다. 하지만 그래서 더 자유롭고, 그래서 더 즐거울 수 있었다.

그 사실을 이제 나는 안다.

#

브라질에서는 한창 아사이 주스에 빠져서 아침, 점심, 저녁으로 밥값만큼이나 아사이 주스를 사 먹었다. 한국에는 수출되지 않는다고 적힌 가이드북의 정보를 철썩 같이 믿었다. 브라질을 떠나던 날, 기어코 마지막으로 아사이 주스를 마시겠다고 단골 가게에 들렀다가 버스를 놓칠 뻔하기도 했다. 아사이를 마음껏 먹을 수만 있다면 다시 브라질에 오고 싶다는 생각까지 들었다.
아이고, 속았다. TV만 틀면 나오는
아사이베리 홈쇼핑 광고라니!

#

남미에서 가장 큰 대륙을 가진 두 나라, 아르헨티나와
브라질은 한국과 일본처럼 가까우면서도 극명하게 다른 나라다. 정열의 나라 브라질이 두 팔을 벌려 그들이 가진 정을 온몸으로 표현한다면 아르헨티나는 친절한 듯 하면서도 무언가 조심스럽고 의뭉스러운 면이 있다. 여행자에게는 어쩌면 브라질이 모든 것을 내어주는 진실된 친구 같을 지도 모르겠다. 그런데 이러한 성향은 범죄에서도 똑같이 적용된다. 아르헨티나는 소매치기 같은 작은 범죄를 많이 저지르고, 브라질은 당당하게 두 눈을 마주치면서 강도짓을 잘한다. 세상에 모든 것을 만족시켜주는 완벽한 것은 없나 보다.

+
리우의 악명 높은 빈민가.
이곳에서 일행 중 한 명이
카메라를 뺏길 뻔 했다

#
"안그라 행 버스가 곧 출발합니다."

브라질의 작은 마을 '파라티'에서 악명 높은
도시 '리우데자네이루'로 이동하기 위해
새벽 5시에 주섬주섬 일어나 미리 싸놓은
배낭을 메고 호스텔을 나섰다.
호스텔에서 터미널까지는 걸어서 7분 정도.
버스에 올라 금세 다시 잘 요량으로 눈도 뜨지 않고
비슬비슬 터미널로 향했다.
벤치에 멍하니 앉아 '우리 버스 언제 오나?' 기다리고 있는데,
바로 옆 승강장에서 안그라 행 버스가 출발 준비를 하고 있었다.
팟! 버스의 행선지에 불이 밝혀지는 순간, 깊은 그리움이 울컥
몰려들었다. 깊은 밤 꿈결에 잠이 깨 엄마를 찾으며 울먹이는
어린아이처럼 가슴 한켠이 먹먹해졌다. 나의 첫 직장 이름이 바로

안그라(픽스)였던 때문. 저기 저 버스에 오르면 나의 20대를 불태웠던 열정과 오기의 순간으로 돌아갈 수 있는가? 저기 저 버스에 오르면 엄마 얼굴, 아빠 얼굴, 동생 얼굴, 그리고 우리 강아지 얼굴을 보러 달려갈 수 있는가? 한창 결혼과 임신 등 즐거운 소식 가득한 그리운 친구들 곁으로 직접 축하하러 달려갈 수 있는가? 아직 한국으로 돌아가고 싶은 건 아닌데, 그 날의 새벽 순식간에 밀려든 그리움은 상당히 당황스럽고, 감당하기 벅찼다. 여운이 오래도록 남아있어 아직은 리우의 정열이 느껴지지 않지만, 다시 힘을 내 오늘도 나는 세계를 걷는다.

#

세계여행이라는 깃발을 들고 집을 나선 지도 어느새 200여일이 지났다.
그동안 난…

1. 살이 6kg 정도 빠졌다. 특히 군살이 빠진 것 같다. 아주 보기 좋다~!
2. 이발을 한 번도 안 해서 머리가 많이 길었다. 이젠 제법 묶이기도 한다. 면도 안 한 수염은 거칠게 보인다. 덕분에 남미 현지인들도 나를 경계하는 눈치다. ^^

3. 시설이 불편한 지역을 주로 여행하다 보니 한국에서 태어난 게 다행이라는 생각도 든다. 한국을 떠나면 다 애국자가 된다던데 사실인가 보다.
4. 여행 떠나기 전에는 여러 가지 고민거리로 언제나 머리가 무거웠다. 풀리지 않는 복잡함으로 머릿속이 견디기 힘들 만큼 무거웠는데 지금은 한결 가벼워진 느낌이다. 여행하는 동안에도 고민거리는 생기기 마련이지만, 그래도 확실히 머리가 무겁거나 괴로운 느낌은 없다.
5. 나의 지겹던 일상이 조금은 그리운 요즘이다. 다시 일상으로 돌아가면 지금의 내 모습이 미치도록 그립겠지만.
6. 1년 동안 여행하기에 세상은 너무 넓다. 아무래도 몇 번에 걸쳐서 세계여행을 해야 진정한 세계여행을 할 수 있을 것 같다.
7. 다른 건 모르겠지만 나의 서바이벌 능력은 가히 최고인 듯하다. 특히나 처음 보는 이들의 신임을 얻고 친해지는 내 자신에게 놀라기도 한다. 사기꾼 했으면 잘했을 것 같지만 그러기엔 내가 너무 솔직해서 안 될 것 같다. 그래도 내 자신에게 솔직한 내가 좋다.
8. 사진을 직업으로 선택한 나 자신이 한없이 자랑스럽고 사랑스럽다. 다시 태어나도 사진을 하고 싶다.

이렇게 변했고 이런 생각들을 한다. 여행이 끝날 때쯤이면 나는 또 어떤 모습으로 변하고, 어떤 생각을 하고 있을까?
자, 이제 떠난다. '함께, 다시, 유럽'으로.

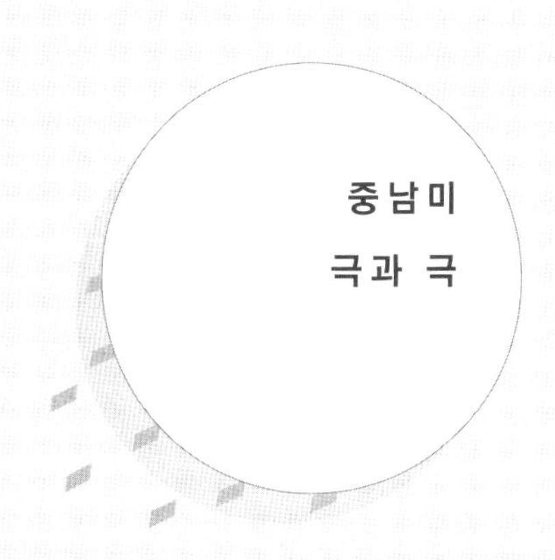

중남미 극과 극

가장 인상 깊은 액티비티

멕시코 세노테 스쿠버다이빙

VS

페루 이카의 와카치나 사막 버기투어와 샌드보딩

세노테(Cenote)란 지하의 암석이 용해되거나 기존의 동굴이 붕괴되어 움푹 패인 천연 웅덩이를 말한다. 말하자면 자연 싱크홀이다. 손전등에서 뿜어져 나오는 한 줄기 빛에 의지해 한 치 앞도 보이지 않는 암흑의 세계로 들어가야 할 때는 숨이 가쁠 정도로 엄청난 두려움이 몰려왔다. 하지만 이내 지상으로 다시 올라오기 싫을 만큼 매혹적인 세계와 마주하게 된다. 또한 페루 이카의 와카치나 사막에서의 버기투어와 샌드보딩은 세상 그 어디에서도 경험해볼 수 없는 색다른 짜릿함을 선사해주었다.

가장 기억에 남는 일몰

아르헨티나 바릴로체
vs
브라질 리우데자네이루

남미 여행 중 일몰을 마주하는 건 생각보다 쉽지 않다. 그리고 그 일몰을 카메라에 담는다는 건 더욱 쉽지 않은 일이다. 이는 곧 해가 떨어진 후 숙소로 이동해야 함을 의미하기 때문이다. 아르헨티나 바릴로체 근교의 산 정상 올랐을 때, 때마침 하늘은 붉게 타오르고 있었다. 저 붉은 태양이 꺼지면 산중은 온통 차가운 어둠으로 덮인다는 걸 알고 있지만 우리의 발걸음은 숨 막히는 경관 앞에서 떨어지지 않았다. 브라질의 리우데자네이루는 이와는 또 다른 일몰을 보여주었다. 자연의 야경 vs 도시의 야경, 우위를 가릴 수 없는 막상막하의 아름다움이다.

이과수 폭포

VS

브라질에서 본 이과수

아르헨티나에서 본 이과수

나이아가라, 빅토리아 폭포와 함께 세계 3대 폭포인 이과수 폭포는 브라질과 아르헨티나, 파라과이 국경에 걸쳐 있다. 브라질 루트에서 보는 이과수는 수백 개의 폭포가 병풍처럼 둘러져 있어 트레일을 걷는 내내 아름다운 경관을 바라볼 수 있다는 장점이 있고, 아르헨티나 루트에서 보는 이과수는 우리가 흔히 아는 '악마의 목구멍'이라 불리는 이과수의 가장 거대한 폭포를 가장 가까이에서 볼 수 있다는 장점이 있다. 이 중(파라과이는 제외하고라도) 어느 쪽에서 보는 게 좋은지는 의견이 분분한데, N양은 아르헨티나에 한 표, T군은 브라질에 한 표!

아르헨티나 쪽 이과수

브라질 쪽 이과수

가장 특이했던 숙소

벨리즈 요트 투어 중 무인도에서의 하룻밤
VS
과테말라 세묵 참페이의 숲속 오두막

망망대해 한가운데 야자수 한 그루만이 우뚝 솟은 무인도. 그곳에서 텐트를 치고 보낸 하룻밤. 앞, 뒤, 옆에서 나를 향해 넘실대는 검푸른 파도와 하얀 보름달이 그려낸 환상적인 그 밤을 잊을 수 없다. 그리고 또 하나 잊을 수 없는 곳은 세묵 참페이와 가장 가까운 곳, 깊고 깊은 산골짝에 위치한 오두막집. 따뜻한 물도 잘 안 나오고, 매일 밤 10시면 전기도 완전히 차단되며, 와이파이도 제대로 안 터진다. 문명과 완전히 단절되는 곳이지만 까만 밤하늘 무수한 별들을 보기 위해서라도 다시 가고 싶은 곳.

남미의 펭귄들

VS

킹 펭귄을 볼 수 있는 칠레의 레이 펭귄 공원
마젤란 펭귄을 볼 수 있는 아르헨티나 몬테 레온 국립공원

3,000km의 로드 트립 중 우연히 지나게 된 두 곳을 소개한다. 우리처럼 시즌이 끝나 우수아이아에서 펭귄을 못 본 사람들에게 추천한다. 레이 펭귄 공원(www.pinguinorey.cl)은 규모가 크지는 않지만 흔하지 않은 종인 킹 펭귄을 볼 수 있다. 매표소용 간이 텐트를 제외하곤 허허벌판 위 야생의 자연 그대로라서 멀리 숨어서 지켜봐야 한다. 한편 다른 한 군데는 수천 수만 마리의 마젤란 펭귄과 바다사자를 볼 수 있는 몬테 레온 국립 공원(www.conservacionpatagonica.org/aboutus_otrs.htm)으로 퓨마를 만날 수 있으니 혼자 다니지 말라는 팻말까지 있을 정도로 진짜 야생의 공원이다. 레이 국립 공원보다 펭귄을 가까이에서 볼 수 있으며, 풍광 또한 절경이다.

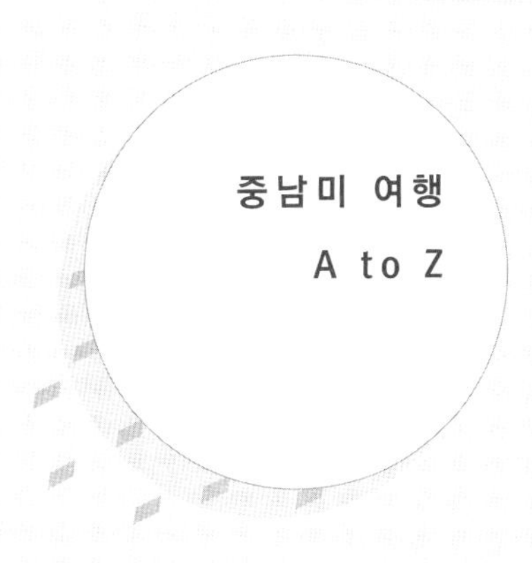

중남미 여행 A to Z

부부가 함께
세계여행을 계획한 이유

인생에서 중요한 요소 중 하나가 바로 '타이밍'이 아닐까 합니다. 결혼 준비를 하면서 각자의 꿈 중에 '세계여행'이 있다는 걸 알게 됐고, 지금이 적기라는 데 동의했죠. 결혼 직후 둘이 하나가 되는 과도기, 바로 지금이요! 저희가 떠나겠다고 했을 때 세계여행이 쉬운 일인 줄 아느냐, 너희 그러다 영영 헤어질 수도 있다는 등 많은 말들을 들었어요. 그러면 저희는 이렇게 반문하곤 했죠.
"인생에서 한 번이라도 쉬운 일이 있었나요? 일 년도 무사히 함께하지 못할 거라면 어떻게 평생을 같이 살 수 있겠어요?"

여행 경비 마련은…

결혼 준비 비용으로 (개인차야 있겠지만) 주택 마련비를 제외하고 남자는 약 5천만 원, 여자는 4천만 원 정도가 드는 걸로 나오더라고요. 저희는 100만 원이 채 안 들었습니다. 원래 9월로 예정되어 있던 결혼식이었는데, 예식장을 알아보던 중 윤달인 5월에 하면 대관료 및 꽃 장식비가 공짜에 식비도 대폭 할인이 된다고 해서 윤달인 5월에 결혼식을 치르게 되었어요. 우리나라 사람들이 윤달엔 결혼을 피한다고 하더라고요. 저희는 웨딩 촬영, 예단, 폐백, 혼수는커녕 커플링도 하나 맞추지 않았어요. 이 모든 비용을 아껴서 신혼여행, 즉 세계여행에 투자했습니다. 그리고 각자 언젠가 떠날 세계여행을 위해 모아 두었던 돈을 합쳐 총 5천만 원을 마련하였습니다.

중남미 여행에서 특히
유용했던 준비물

Best 1. 배낭

일 년을 넘게 여행을 하다 보니 배낭은 마치 몸의 일부처럼 여겨집니다. 다른 지역 같으면 캐리어를 가져갈 수도 있었겠지만 중남미 여행에선 배낭만큼 기동성이 좋은 게 없습니다. 그래서 배낭 선택에 신중할 수밖에 없었죠. 저희는 최종적으로 도이터 배낭으로 결정했어요. T군은 'AIR CONTACT 75+10', 그리고 저는 'ACT LITE 45+10' 모델을 선택했습니다. 각자의 체형마다, 성향마다 선호하는 배낭이 다를 수 있겠지만 저희는 누가 강요한 것도 아닌데 매장에서 직접 메어보고, 한참을 걸어보고, 짐도 한가득 넣어 또다시 메어본 결과 도이터 제품이 마음에 쏙 들었습니다. 사실 저는 처음에 외형만 보고 타사

제품을 선택했다가 여행 이틀 전, 짐을 모두 싼 후 메어보고는 이건 아니다 싶어 부랴부랴 반품하는 등 생난리를 피웠더랬죠. T군의 배낭이 제 배낭 보다 10kg쯤 무거웠음에도 두터운 힙벨트가 무게를 골고루 잘 분산시켜 잡아줬기 때문에 훨씬 들기 수월했거든요. 결국 저도 도이터 배낭으로 최종 변경했고, 여행 내내 거북이 등껍질처럼 몸에 착 달라붙은 도이터 배낭 덕분에 편안하게 메고 다닐 수 있었습니다. 또한 여행이 끝난 후에도 왜 오랫동안 사랑받아온 세계적인 배낭인지 그 진면목을 여실히 실감할 수 있었습니다. 일 년을 넘게 세계 곳곳을 누볐고, 특히 중남미에선 이리 치이고, 저리 던져지며 온갖 수난을 겪었음에도 불구하고 한국으로 돌아와 깨끗이 세탁을 하고 나자 어디 한 군데 찢어지거나 지퍼 한 군데 고장 난 곳도 없이(거짓말 조금 보태서) 처음 사왔을 때 모습 그대로여서 진짜 놀랐거든요. 저희 여행의 1등 공신인 두 배낭은 언제든 다시 떠날 수 있도록 현재 책상 아래에 나란히 보관되어 있답니다.

Best 2. 침낭

중남미 여행을 계획하면서 침낭을 가져가야 하나 말아야 하나 고민하는 분이 있다면 경험상 반드시 가져가라고 말씀드리고 싶네요. 중남미 여행에선 장시간 버스로 이동하는 게 대부분이고, 특히 야간버스를 타야 하는 일도

허다합니다. 여름이라 할지라도 달리는 버스의 창가엔 찬 공기가 가득 서려 있습니다. 밤새 추위에 떨지 않도록 버스 탑승 전 침낭을 준비해 놓으세요. 한 번은 이런 일도 있었습니다. 저희가 탄 볼리비아의 버스에 히터 장치가 아예 없어서 깊은 산속을 발가벗고 달리는 것처럼 밤새 추위에 떨었던 적이 있어요. 그 상태로 12시간을 버텨야 했죠. 옆자리에 앉은 백인 커플 중 한 명인 여자는 입술이 새파래지고, 정신을 잃을 정도로 손발이 차가워지고 있었어요. 다행히 저희는 각자의 침낭을 가지고 버스에 올랐기 때문에 침낭 하나를 빌려줄 수 있었어요. 저희가 빌려준 침낭이 아니었다면 달리는 버스 안에서 그 백인 여자는 정말 꽁꽁 얼어버렸을지도 몰라요.

Best 3. 전기 쿠커

중남미 여행에서 큰 힘을 발휘한 물건 중 하나가 바로 전기 쿠커입니다. 유럽 렌터카 여행의 경우엔 버너가 유용했지만 중남미는 대부분 호스텔에서 잤기 때문에 전기 쿠커를 매우 유용하게 사용할 수 있었어요. 숙소에 너무 늦게 도착했을 때나 숙소에 주방이 없을 때 여러모로 잘 사용했지만 가장 기억에 남는 건 칠레에서네요. 우리나라 라면은 1개 반 정도, 외국 라면은 2개 정도를 끓일 수 있는 이 전기 쿠커에 끓여먹은 라면은 셀 수 없을 정도입니다. 여기에 카레도 해먹고, 자장도 해먹고, 밥도 하고, 비빔면도 끓이면서 함께한 여행의 시간만큼 점점 찌그

러지고, 검게 그을린 전기 쿠커가 대견할 따름입니다.

Best 4. 선크림

저는 원래 피부가 까무잡잡한 편입니다. 어렸을 적, 엄마를 따라 휴가 때 먹을 음식을 사러 가면 마트 직원들이 저를 보며 “어머? 벌써 좋은 데 다녀오셨나 봐요!” 하며 너스레를 떨곤 했죠. 특히 남미의 태양은 상상 이상으로 강렬해서 남녀노소 선크림은 필수입니다, 필수! 그래서 이번 여행에서 특별히 신경 쓴 부분이 선크림입니다. 외국에서 직접 사서 쓸 수도 있지만 선크림만큼은 일반 선크림이 아니라 병원에서 추천하는 선크림으로 넉넉히 준비해 갔어요. 저는 닥터오라클 제품을 사용했고, 여행에서 돌아온 후에도 계속 사용하고 있을 만큼 만족도가 높았습니다.

교통

세계 일주 항공 비용, 얼마나 들까?

우선 얼마나 다녀올지를 정해야 합니다. 사실 이 문제는 머리가 크게 아플 만큼 고민일 것 같진 않아요. 사람마다 각자 어렴풋이 ‘이 정도는 놀고 와도 되지 않을까?’ 하는 기간이 머릿속에 있기 마련이니까요. 다행히 저희 부부는 그 기준이 같았기 때문에 여행 기간을 1년쯤으로 잡았어요. 실제로는 14개월이었지만요.

“어디를 갈까?”

함께하는 여행이었기에 일주일 정도의 시간을 두고, 평소에 가고 싶었던 곳과 스크랩 해두었던 자료를 찾아보며 각자 리스트를 만들어 비교해 보기로 했죠. 일주일 후 두서 없이 메모한 지역들을 모아 한 장으로 정리히면서 대략적인 나라들을 지도에 표시해 보았어요. 공통으로 가고 싶은 곳은 빨간색으로, 그 외의 곳은 파란색과 노란색으로 표시하여 표시가 적은 곳과 한국에서 가까운 곳은 과감하게 대륙 자체를 빼 버렸죠. 선택과 집중! 이번 여행이 저희 인생의 마지막 여행은 아니니까요! 사실 여행 루트는 수정하고 수정해도 끝이 없어요. 이건 여행을 하는 중에도 마찬가지에요. 세상은 넓고 갈 곳은 많거든요. 어디를 갈지를 고민하다 보면 자연스럽게 고민은 다음으로 넘어가게 돼요.

“어떻게 갈까?”

항공권을 조사하다 보면 ‘세계 일주 항공권’이란 걸 접하게 됩니다. 각 항공사마다 마법의 티켓과도 같은 세계 일주 항공권이라는 게 있다는 사실을 알게 돼요. 세계 일주 항공권을 쉽게 정의하면, 출발지가 되는 공항에서 떠나 지구를 한 바퀴 돌아 다시 출발지로 돌아오기까지 여러 장의 항공권을 세트로 묶어 판매하는 것을 말해요. 우리에게 가장 익숙한 건 대한항공이 속해 있는 스카이 팀이나 아시아나항공이 속해 있는 스타얼라이언스 팀이 있고요. 원월드나 싱가폴 항공 등에도 세계 일주 항공권이 있죠. 저 역시 마법 같은 항공권에 눈이 휘둥그레졌지만 각 항공사마다 규칙이 다 다를 뿐만 아니라 이것저것 제약이 많다는 점이 걸렸어요. 그래서 저희가 생각하는 여행 패턴에는 저가 항공권으로 이동하는 게 좋을 것 같다는 결론을 내렸죠.

"총 얼마가 들었냐고요?"

저희는 414일간 21개국을 여행했으며, 총 13번의 비행기를 탔습니다. 1인 당 총 4,532,297원의 항공료가 들었고요. 아마 "이렇게 적게 들었어?" 하는 사람들도 있을 테고, "이렇게나 많이 들었어?"하는 사람들도 있을 테죠. 어느 대륙을, 어느 도시를, 언제 여행하느냐에 따라 가격은 다 달라집니다. 결론적으로 세계 일주 항공권 대신 저가 항공으로 이동하길 잘했다고 생각합니다.

[T군 N양's The Way]
세계 여행 항공 티켓 구매 노하우

❶ 어느 도시로 들어가야 할지 모를 때는 일단 가고자 하는 나라의 수도를 중심으로 구글맵을 보면서 그 주변 도시들을 모조리 검색해 봅니다. 왕복해야 하는 경로보다는 이왕이면 한 방향으로 흐르는 경로가 더 좋겠지요. 예를 들면 일본에서 출발해 한국을 여행 후 중국으로 건너갈 계획이라면, 서울(인천)로 들어와서 부산까지 버스를 타고 왕복 후 다시 인천에서 중국으로 넘어가는 것보다는 부산으로 들어와서 버스를 타고 서울까지 여행을 마친 후 인천에서 중국으로 건너가는 게 훨씬 낫겠죠.

❷ 저가 항공의 경우 수하물 부치는 비용이 따로 있거나 기본 수하물 무게를 초과하면 따로 내야 하는 경우가 있으니 티켓 구매 시 미리 정확히 확인을 해봐야 합니다.

❸ 그리고 이건 복불복인데요, 편도 티켓만 제시할 경우 공항에서 출국을 금지하는 수가 있습니다. 저희의 경우 ① 한국에서 LA로 출국할 때, ② 쿠바에서 콜롬비아로 출국할 때, ③ 스코틀랜드에서 미국 올랜도로 출국할 때, 이렇게 총 세 번의 티켓 제시 요청이 있었습니다. 당장 출국해야 하는 공항에서 일어나는 상황이라 시간도 촉박하고, 항공편을 검색하기도 어렵기 때문에 여간 골치가 아픈 게 아닙니다. 이럴 경우 아래 두 가지 정도의 방법이 있을 수 있겠으나 아래 방법이 통할지 안 통할지는 그야말로 직원의 융통성에 달려있어요.

- A4 용지 한가득 일목요연하게 정리해놓은 여행 계획표를 보여줍니다.
- 편법으로 가짜 티켓(웹사이트에서 예약은 하되 지불은 안 한)을 보여줍니다.

❹ 쿠바의 경우 멕시코 칸쿤에서 들어가는 경우가 많은데, 좌석 오버 부킹, 짐 분실 등 잦은 항공 사건, 사고가 일어날 수 있음을 감안할 때, 멕시코의 글로벌 항공사인 아에로멕시코(www.Aeromexico.com)를 이용할 것을 추천합니다. 아에로멕시코는 미국, 캐나다, 브라질, 칠레, 콜롬비아와 에콰도르, 페루까지 광범위하게 연결하기 때문에 쿠바 출국 시 원하는 지역으로의 연계가 용이합니다. 특히, 문제가 생겼을 때 멕시코 본사에 직접 이의 제기가 가능해 문제를 해결하는데 수월합니다.

❺ 티켓 보딩 시 조금 일찍 도착하여 비상구 좌석을 달라고 요청합니다. 비상구 좌석은 다리를 좀 펼 수 있을 만큼 간격이 넓기 때문에 조금은 편안하게 비행할 수 있습니다.

❻ 출발 전 대한항공과 아시아나항공 모두 마일리지 회원으로 가입을 해놓습니다. 세계 일주 항공권이 아니더라도 스카이 팀이나 스타얼라이언스 팀에 속한 저가 항공사의 경우 마일리지를 적립할 수 있습니다.

항공권 가격 비교 사이트
스카이스캐너 : http://skyscanner.co.kr
카약닷컴 : http://kayak.com
익스피디아 : http://expedia.co.kr

중남미, 도시 간 이동은 어떻게 했나?

중남미 여행에서 4, 5시간 버스 타기는 기본 중에 기본입니다. 12시간쯤은 타줘야 '아! 어디 옆 마을 좀 놀러 가는구나!' 싶죠. 하지만 너무 두려워할 필요는 없습니다. 중남미의 버스는 우리가 생각하는 시외버스와는 좀 다르게 장거리 이동에 적합하도록 발달되어 있으니까요. 중남미 여행을 하기 위해선 먼저 버스의 종류를 알아야 합니다. 시외버스는 일반과 세미 까마, 그리고 까마로 나누어지는데 대부분이 2층 버스이고, 화장실도 내부에 딸려 있습니다. '까마Cama'는 스페인어로 침대라는 뜻입니다 까마 버스는 침대처럼 거의 180도 뒤로 섲혀지고, 좌석도 우리나라의 우등 버스처럼 한 줄에 3개로 배치되어 있습니다. 세미 까마는 그 보다는 덜한 130도~150도 정도 젖혀지고, 한 줄에 4개의 의자가 배치되어 있습니다.

중남미는 우리나라처럼 버스 회사에 상관없이 티켓 창구가 통합되어 있는 것이 아니라 각 버스 회사 별로 매표소가 다르기 때문에, 같은 구간이라도 가격이 천차만별로 다를 수 있습니다. 이 말인즉, 발품을 팔면 팔수록 저렴한 가격의 버스를 찾을 확률이 높다는 얘기죠. 단, 너무 싼 티켓만 찾다가는 이동 하는 내내 '천 원 더 비싼 차 탈 걸.' 하는 후회를 하게 될 수도 있으니 주의하세요!
사실 전 버스 타는 시간이 좋았어요. T군과 나란히 앉아 별 것 아닌 일로 킬킬거리며 농담을 하는 것도, 도란도란 이야기를 나누는 것도, 가끔 운이 좋아 콘센트가 있는 차에 타게 되면 마음껏 핸드폰 게임을 할 수 있는 것도 좋았어요. 깊은 산속을 지나는 코스이거나 야간버스를 탈 때에는 버스 강도를 만날지도 모른다는 불안에 휩싸이기도 했지만 다행히 저희에게 그런 일은 없었습니다. 하지만 실제로 남미에서는 버스를 탈 때도 비행기에서 안면 사진을 찍듯 차에 오를 때 캠코더 같은 걸로 승객을 모두 촬영하기도 해요. 신원 확인을 위해서죠. 참! 식사 때가 되면 마치 기내식처럼 나오는 도시락들도 기억에 남네요. 이번엔 어떤 메뉴일까 은근 기대가 되거든요.

[T군 N양's The Way]
중남미에서 버스 타기 노하우

❶ 중남미에서 버스 티켓을 구매할 때는 2층 맨 앞자리 좌석을 달라고 하세요. 발을 쭉 뻗을 수 있을 만큼 넓기도 하고 탁 트인 유리창을 통해 중남미의 멋진 풍경도 바라볼 수 있는 명당 좌석이거든요.

❷ 침낭을 미리 준비하면 좋아요. 긴 시간 이동하는 만큼 이불이 있으면 아늑하고 편안하게 쉴 수도 있고, 무엇보다 추위에 떨지 않아도 되니까요. 아무리 중남미라지만 밤에는 기온이 많이 내려가거든요.

❸ 가장 중요한 건 배낭 관리에 소홀하면 안 된다는 거예요. 저희는 항상 배낭에 끈을 매달아 발목이나 손목과 연결을 해놨어요. 한밤중이라도 정류장에 차가 선 경우에는 눈을 부릅뜨고 깨어있었어요.

현지 렌터카를 적절히 잘 사용하라

버스를 타고 목적지 도시로 들어가다 보면 잠시 스쳐 지나기에는 너무나 아까울 정도로 주변 자연 경관이 멋질 때가 많습니다. 저희는 그럴 때 도시에서 하루 정도 더 머물며 렌터카를 이용하곤 했습니다. 가끔은 호스텔 내 친구들과 함께 빌리기도 했고, 그렇지 않더라도 둘이 오붓하게 샌드위치 도시락을 만들어 일일 렌터카 여행을 떠났죠. 여행 중 떠나는 또 다른 여행의 묘미를 느낄 수 있습니다.

혹시 모를 사고나 긴급 상황에 대한 대처능력, 업체 신뢰도의 문제, 혹은 렌터카 예약 시 선택해야 하는 다수의 옵션 항목(차량 등급, 연비, 보험 등)들 때문에 현지에서 직접 렌터카를 예약하는 게 망설여진다면, 세계적으로 유명한 회사의 렌터카를 이용하는 게 큰 도움이 됩니다. 저희의 경우 주로 Hertz허츠렌터카를 이용하였습니다. 한국어 홈페이지를 운영하고 있어 예약 과정부터 결제까지 한눈에 알아보기 쉽게 되어 있기 때문에 현지어를 잘 못해도 이용이 가능하다는 점이 매력적입니다. 또한 최신 차량만을 대여하는 허츠의 정책상 고물(?) 자동차가 걸릴 확률이 적고 대한항공, 아시아나 등 항공사 마일리지도 함께 적립할 수 있다는 점 때문에 Hertz허츠렌터카를 주로 이용하곤 했습니다. 물론 사건, 사고 하나 없이 매번 만족스러운 미니 여행을 할 수 있었죠.

Hertz허츠렌터카 예약
홈페이지 및 해외예약센터
www.hertz.co.kr
/ 1600-2288

여행 초반을 제외하고는 거의 대부분 숙소 예약은 따로 하지 않고 다녔습니다. 인터넷을 통해 싼 값에 예약했다가 실망한 적도 많았고, 현지에 직접 가보면 웹에 광고를 올리는 호스텔보다 시설은 좋으면서 가격은 훨씬 저렴한 숙소를 어렵지 않게 만날 수 있기 때문이었죠. 어느 호스텔이건 보통 침대 한두 개 정도는 남아있게 마련이었지만 아주 가끔은 숙소를 찾아 길 위에서 한참을 헤매야 할 때도 있었어요. 휴가철이나 연휴 기간과 맞물렸을 때 등이죠. 하지만 대부분은 인터넷에서 미리 검색해간 곳과 그 주변 호스텔 두세 군데 정도를 돌며 수월하게 잠자리를 잡을 수 있었습니다. 이때 2인 1조의 강점이 발동돼요. 저는 한 호스텔 로비에서 짐을 지키고 있고, T군은 주변을 발 빠르게 돌며 적당한 호스텔을 잡았거든요. 중남미를 여행하는 동안 총 50여 군데의 호스텔을 전전하였습니다. 짧게는 밤늦게 들어가 잠만 자고 새벽 같이 나온 곳도 있고, 길게는 한 달 가까이 묵은 곳도 있죠. 배드버그, 우리나라 말로 하면 빈대한테 물려보기도 했고요. 배드버그에 한 번 물리면 일주일도 넘게 가려움에 고생 꽤나 한답니다.

남미 여행, 많이 위험하지 않나요?

가장 많이 듣는 질문에 이렇게 대답합니다. "어디든 100% 안전한 곳은 없다고 생각합니다."라고요. 여행을 하다 보면 다른 나라 사람들이 오히려 이렇게 묻습니다. "한국은 언제든 북한과 전쟁이 일어날 수 있는 불안하고 위험한 나라 아닌가요?"

물론 한국 사람이 한국을 돌아다니는 것처럼 자유로울 순 없겠지요. 길을 걸을 때에도, 버스를 탈 때에도, 화장실을 갈 때에도 네 개의 눈은 경계를 늦추지 않았습니다. 최대한 해가 지기 전엔 숙소로 돌아왔고, 해가 진 후 밖에 나가야 할 일이 있다면 중요한 소지품은 모두 호스텔 락커에 넣어놓고, 비상금만 딱 주머니에 넣어 다녔습니다. 낮이라도 으슥한 골목이나 장소는 피해서 다녔고요. 항상 서로를 지켜보며 여행을 한 결과 큰 사고나 강도 한 번 당하는 일 없이 무사히 다녀왔습니다. 하지만 주변 지인들의 경험담으로는 핸드폰 도난 사고를 가장 많이 당했고, 드물게 버스 강도를 만났다는 이야기를 들은 적도 있어요.

어디가 가장 위험했고, 어디가 가장 치안이 좋았다는 건 개인의 경험에 따라 다르겠지만 저희가 경험한 남미를 위주로 말씀드려볼까 합니다. 그 기준은 T군의 카메라입니다. 남미 여행에선 항상 카메라를 찍은 후 목에 메고 있지 말고, 바로바로 가방에 넣으라는 말을 많이 들었습니다. 가끔 심취해서 사진을 찍다가 깜빡하고 카메라를 가방에 넣지 않고 있을 땐 현지인이 카메라 얼른 가방에 넣으라는 손짓을 보내주기도 했어요. 실제로 저희 일행 중 한 명이 브라질의 리우데자네이루에서 카메라를 뺏길 뻔 한 적도 있고요. 오후 2시 대낮이었는데, 카메라 렌즈 속에서 자전거를 타고 빠른 속도로 자기 쪽으로 달려오는 게 보이더래요. 얼른 비켜서야겠다고 생각한 순간 카메라를 확 잡아채는 게 느껴져 자세를 낮추고 카메라를 꽉 붙잡았다고 합니다. 뺏기진 않았지만 정말 위험천만한 순간이었죠. 반면 브라질의 파라티는 정말 치안이 좋고, 안전한 곳이었어요. 이처럼 같은 브라질이지만 도시에 따라 치안의 정도가 다르다는 점도 기억해두세요.

[T군 N양's The Way]
남미 여행 주의 사항

❶ 남미 여행 시 황열병 예방접종은 필수이며, 고산병 약 같은 경우엔 현지에서 직접 사는 게 효과가 좋습니다. 고산병 약은 'Soroche pill'입니다.

❷ 우리나라처럼 공항에서 출국 카드를 무료로 나눠주는 게 아니기 때문에 국가별 입국 시 받는 입국 서류를 잘 보관했다가 출국 시 제출해야 합니다. 저희는 첫 국경을 넘는 구간인 멕시코에서 과테말라로 넘어갈 때 이 서류가 없어서 벌금을 물었거든요.

❸ 배낭은 늘 눈에 보이는 곳에 두고 예의 주시해야 합니다. 식당에서 밥을 먹는 동안 의자 뒤에 배낭을 매달아 놓는다던지 하는 행동은 금물입니다. 또한 길을 걸을 때에도 누군가 가방에 뭐가 묻었다든지 찢어졌다든지 하며 말을 걸어오면 얼른 그 자리를 피하는 게 좋습니다.

❹ 환전 사기를 포함한 각종 사기, 소지품 분실과 강도까지 남미 여행 시에는 늘 경계를 늦추지 않아야 합니다. 강도를 만났을 때 바로 건넬 수 있는 비상금 정도만 들어있는 지갑을 미리 준비해서 갖고 다니는 것도 도움이 됩니다.

❺ 가능하다면 국제학생증을 반드시 만들어가는 게 좋습니다. 각종 입장료 및 버스를 탈 때도 학생 할인이 가능합니다.

❻ 물을 살 때 'con gas'는 탄산수, 'sin gas'가 일반 물입니다.

경로

- **기간** : 2012년 10월 24일 ~ 2013년 12월 11일 (414일)

- **이동 경로** : 3대륙 21개국

  중남미(222일) : 멕시코 In → 과테말라 → 벨리즈 → 쿠바 → 에콰도르 → 페루 → 볼리비아 → 칠레 → 아르헨티나 → 브라질 → 파라과이 (→ 볼리비아 → 에콰도르 Out → 독일 In)

  유럽(96일) : 독일 In → 프랑스 → 스페인 → 포르투갈 → (스페인 → 프랑스 →) 모나코 → 이탈리아 → 오스트리아 → 스위스 → 스코틀랜드 Out (→ 미국 템파 In)

  북미(96일) : 미국 In → 캐나다 Out

- **방문한 남미의 도시들** :

  멕시코 : 과달라하라①, 과나후아토② , 멕시코시티③ , 와하까④ , 산 크리스토발⑤ , 플라야 델 카르멘⑥ , 칸쿤⑦ , 이슬라 무헤레스⑧

  과테말라 : 산 페드로⑨ , 안티구아⑩ , 세묵 참페이⑪ , 플로레스⑫

  벨리즈 : 키 코커⑬

  쿠바 : 아바나⑭ , 트리니다드⑮ , 비냘레스⑯ , 산티아고 데 쿠바⑰

  에콰도르 : 키토⑱, 바뇨스⑲ , 갈라파고스⑳

  페루 : 와라스㉑ , 리마㉒ , 쿠스코㉓ , 마추픽추(아구아 칼리엔테스)㉔ , 이카㉕

  볼리비아 : 라파즈㉖ , 우유니㉗ , 수크레㉘ , 코파카바나㉙

  칠레 : 아타카마㉚ , 발파라이소㉛ , 푸에르토 몬트㉜ , 푸에르토 나탈레스㉝

  아르헨티나 : 멘도사㉞ , 바릴로체㉟ , 엘 찰텐㊱ , 엘 칼라파테㊲ , 우수아이아㊳ , 부에노스아이레스㊴ , 로사리오㊵ , 푸에르토 이과수㊶

  브라질 : 포스두 이과수㊷ , 파라티㊸ , 리우데자네이루㊹

멕시코
1
2
3
4
5
6
7
8
9
10
11
12
13
14
15
16
17
쿠바
벨리즈
과테말라
18
19
20
에콰도르
21
페루
22
23
24
25
26
27
28
29
볼리비아
브라질
칠레
30
31
32
33
34
35
36
37
38
39
40
41
42
43
44
아르헨티나

N양의 이야기 :: 나는 원래 웹기획자다. 더 빛나는 아이디어를 내고, 더 완벽한 기획을 도출해내기 위한 스트레스로 머리카락은 이미 하얗게 샜고, 일주일씩 한 달씩 잠을 못 자 막 죽을 것 같은 날들도 많았다. 그래도 프로젝트 하나를 끝낼 때마다 "또 해냈다!"라는 성취감이 좋아 앞만 보고 7년을 달렸다. 그러다 문득, 잠시만 쉬었다 가고 싶어졌다. 아무리 좋아하는 일이라지만 앞 말고, 옆도 보고 뒤도 한 번 돌아보고 싶었다. 그래서 시작했다. 우리의 여행.

그리고 지금 난 여행 작가가 되었다. 예전부터 글을 쓰고 싶다는 욕망은 있었지만 직접 세상에 내보일 글을 쓰려니 여간 부담스럽고 어려운 일이 아니다. 아직은 거칠고 정돈되지 않은 내 것이 부끄럽기도 하다. 완벽하지 않기에 썼다 지웠다 썼다 지웠다 결국엔 지워버리기 일쑤. 처음부터 완벽주의자(?)는 아니었는데 기획자로 산 7년이 날 이렇게 만든 듯하다. 이 책은 그렇게 기획자를 버리고, 여행자로서 살아가는 하루하루에 대한 기록이다.

T군의 이야기 :: 첫 책이 나오면서 많은 일이 일어났다. 'T군(오재철)'이라는 이름을 건 전시회를 열었고, 많은 잡지사에서 인터뷰도 진행했다. 어릴 적 꿈이었던 라디오에도 출연하고, 급기야 저녁 뉴스(비록 지역 방송이었지만)에 나오는 일도 일어났다. 또한, '작가와의 만남'이라는 타이틀로 크고 작은 강연들도 꾸준히 하게 되었다. 이렇게 나의 직업란에 새로운 항목들이 생겨났다.

예전이나 지금이나 T군(오재철)이라는 사람은 그대로인데, 책이 나온 후로 많은 사람들이 우리의 이야기를 듣고 싶어했다. 그래서 다시 한 번 담았다. 우리들의 진짜 여행 이야기를.

Thanks to...

아버지처럼 많은 조언을 해주시는 다린앤컴퍼니의 강중식 대표님, 진심어린 격려와 자상한 응원으로 힘을 실어주시는 국회의원 김상희 의원님, 언제나 함박웃음으로 반갑게 맞이해주시는 장원교육의 문규식 대표님, 닮아가고 싶은 삶의 멘토 피투피 하이럭스 코리아의 김석영 대표님, 용기와 열정의 아이콘 대전마케팅공사 이명완 사장님, 무뚝뚝한 따스함으로 돌봐주는 환희 형, 친형처럼 기댈 수 있는 가슴을 내어주는 오라클 메디컬 그룹의 노영우 대표님, 냉철한 이성 속에 따스한 감성을 가진 오마이트립의 이미순 대표님, 세심한 배려로 주위를 밝혀주는 미래에셋증권 WM강남파이낸스센터 최철식 수석웰스매니저님, 정성 어린 추천사로 응원해주신 배현기 대표님, 박찬호 형, 김현성 동생, 그리고 안시내 동생, 우정이 무엇인지 깨닫게 해준 와이즈 포스트의 박상우 대표님과 사진의 길로 인도해준 한제훈 형, 오랜 친구 이원구 강사님, 넉넉한 마음을 전해주는 아이러브펜션의 이현우 대표님, 배울 점이 많은 동생인 상생호 건축의 수장 김생호 대표님, 상대방을 먼저 생각하는 여유를 가지고 있는 바텍 코리아의 이내형 대표이사님, 그리고 늘 곁에서 응원해주시는 양가 부모님과 동생들, 우리의 영원한 삶의 동반자 오아란에게 감사의 말을 전하며 이 책을 바칩니다.

꿈꾸는 여행자의 그곳, 남미

초판 1쇄 발행 | 2016년 8월 30일
초판 4쇄 발행 | 2018년 7월 17일

지은이 | 오재철, 정민아
발행인 | 이원주

임프린트 대표 | 김경섭
기획편집 | 정은미 · 권지숙 · 송현경 · 정인경
디자인 | 정정은 · 김덕오
마케팅 | 노경석 · 이유진
제작 | 정웅래 · 김영훈

발행처 | 미호
출판등록 | 2011년 1월 27일(제321-2011-000023호)

주소 | 서울특별시 서초구 사임당로 82
전화 | 편집 (02) 3487-4750 · 영업 (02) 3471-8046

ISBN 978-89-527-7680-8 03980